你其实不懂儿童心理学

刘美芳 著

北京理工大学出版社
BEIJING INSTITUTE OF TECHNOLOGY PRESS

图书在版编目(CIP)数据

你其实不懂儿童心理学 / 刘美芳编著 . —北京：北京理工大学出版社，2018.4（2019.4重印）

ISBN 978-7-5682-4016-1

Ⅰ.①你…　Ⅱ.①刘…　Ⅲ.①儿童心理学—通俗读物　Ⅳ.①B844.1

中国版本图书馆 CIP 数据核字 (2017) 第 099989 号

出版发行 / 北京理工大学出版社有限责任公司
社　　址 / 北京市海淀区中关村南大街 5 号
邮　　编 / 100081
电　　话 /（010）68914775（总编室）
　　　　　82562903（教材售后服务热线）
　　　　　68948351(其他图书服务热线）
网　　址 / http://www. bitpress. com. cn
经　　销 / 全国各地新华书店
印　　刷 / 大厂回族自治县德城印务有限公司
开　　本 / 710 毫米 × 1000 毫米　1/16
印　　张 / 13
字　　数 / 170 千字
版　　次 / 2018 年 4 月第 1 版　　2019 年 4 月第 2 次印刷
定　　价 / 35.00 元

责任编辑 / 武丽娟
文字编辑 / 武丽娟
责任校对 / 周瑞红
责任印制 / 边心超

前言

PREFACE

李嘉诚说："一个人事业上再大的成功，也弥补不了教育子女失败的缺憾！"而在现实生活中，很多家长为了改变家庭环境，将精力过多地投放在谋权或谋钱上，认为为孩子创造所谓优越的生活环境和学习环境最重要。家长在吃穿上，给孩子锦衣玉食；在玩乐上，对孩子有求必应；在学习上，不惜花重金选择条件好的幼儿园和学校。

为了教育好孩子，我建议家长重视孩子儿童时期的心理状态，针对自己孩子不同阶段发展变化的状况，适时地进行心理素质教育，让孩子茁壮成长。

我在日常生活中，经常会听到一些家长抱怨："都不知道老师是怎么教的，我们家孩子现在简直没办法说了，不只是学习差，其他各方面也没一样好的。"孩子各方面都出现了问题，这到底是谁的责任？真的就应该单纯地去追究老师的责任吗？

法国哲学家、教育家爱尔维修说："即使再普通的孩子，只要教育得法，也会成为不平凡的人。父母的素质和采取的教育方法，决定着孩子未来的人生。"很多人都将教育比作一棵树，如果教育真是一棵树，那么这棵树就一定少不了家庭教育这个发达的根系。家庭教育在孩子的成长中起着关键的作用，可谓"孩子成长的奠基石"。如果没有方法得当的家庭教育这块奠基石，孩子的成长很可能会歪歪扭扭。

其实，对大多数认为孩子不听话的父母来讲，与其说他们没完没了的操心和烦恼是由孩子所致，还不如说他们从来就没想过：教育孩子首先要走进孩子的内心世界，先了解孩子的想法。如果父母意识到了这点，并且走进了孩子的内心，肯静下心来认真地倾听孩子的心声，愿意耐心地与孩子平等地交流，相信每一位家长都不会有太多的烦恼。

本书分为六部分，第一部分剖析了孩子种种特殊行为的心理符号，例如孩子为何吃独食、为何迷网游、为何厌学、为何偷钱等。通过对孩子种种“劣行”的解读，让家长真正走进孩子的内心世界，理解孩子，并改变自己的孩子。

第二部分剖析了孩子的负面情绪，包括孩子性格中的一些小缺陷，帮助家长解读这些负面情绪背后的心理动机，让家长懂得怎样去帮助孩子走出阴影和心理误区。

第三部分将为家长解读如何利用心理法则来教育和引导孩子健康成长，让孩子更自信、更快乐地慢慢长大。

第四部分重点讲述了家长最关心的学习问题，将孩子学习成绩不理想的种种因素进行了逐一分析，如偏科、厌学、惧考、贪玩等，告诉家长如何改变孩子，让孩子克服内心的障碍，自主、自发地去学习。

第五部分盘点了家长有意或无意地在家庭教育中犯的错误，例如将“写作业”作为惩罚孩子的手段、用分数去衡量孩子、把握不好奖罚的尺度等，并为家长走出教育的误区提供了建议。

最后一部分则剖析了家庭教育中父母的角色担当，阐述了父亲和母亲在家教中的重要作用，并给父母提供了一些中肯的方法，以使其改变自己在家庭教育中的错误角色，成为孩子幸福成长的港湾。

目录

CONTENTS

第1章 小行为大信号

——解读孩子的种种“恶行”

第 2 章 情绪有密码

——解读儿童的负面语言

第 3 章 情感抚慰力量大

——利用心理法则培养孩子

第4章 爱上学习有方法

——剖析成绩差的心理原因

第5章 家长也会犯错

——悉数不可取的家教行为

第6章 教育是一种合作

——揭示父母正确的角色扮演

孩子总会有很多“小恶习”，让家长不知道该怎么办才好，通常家长会直接说教，告诉孩子那是不好的行为，这样做的效果不一定是最佳的。其实孩子的种种行为背后都有深刻的心理动机，了解孩子的心结所在，才能更好地纠正孩子的行为，帮助孩子成长。

第一章 小行为大信号——解读孩子的种种“恶行”

1

吃独食：判断力的缺失，不懂区分“自己”和“别人”

美国有一首儿歌，讲的就是孩子心中对于物品所有权的理解。歌里面唱道：

“我先看到的就是我的，
我先拿到的就是我的，
只要从你手里拿过来，
这个东西就是我的，
这个东西一直就是我的，
直到这个东西坏了，
我不再喜欢了，
那么这个东西才是你的。”

我想，这首歌可能是大部分孩子真实的心理写照。因为家长对他们的宠爱，使得他们学不会与别人分享，不会照顾别人的感受。

我邻居的独生女莹莹今年 4 岁了，是全家人的心肝宝贝。她喜欢吃的东西不允许任何人吃，买给她的东西，她也绝对不允许别人碰。

有一天我去邻居家做客，正巧莹莹的小表姐也在，起初两个小姑娘玩得很起劲，但是没过一会儿，莹莹就和她 5 岁的小表姐吵了起来。原来莹莹妈妈洗了草莓给两个孩子吃，可两个人互不相让，都说自己最爱吃的就是草莓，而且在家从来都是自己独享草莓，就是不肯给对方吃。

其实这样的孩子并不少见，只会“独享”，不懂“分享”，渐渐地变得自私、刻薄了。

拿我的两个孩子来说吧，在他们小的时候，每次给他们买了好吃的或者好看的书，妞妞都抢着优先要，她的理由是自己在家里最小，所有人都应该让着她。开始我和爱人觉得这是小姑娘正常的撒娇，还对儿子说：“妹妹小，你要让着她。”可时间长了，鑫鑫也很委屈：“凭什么都让她先享受呢？不公平。”

一次我买了两包饼干分给妞妞和鑫鑫，没想到妞妞一看到哥哥手上的饼干，马上抢过来，大声说：“不给他吃，这是我的。”我蹲下来看着妞妞，说：“宝贝，你愿意和哥哥一起玩吗？”妞妞点了点头。

我又说：“那如果哥哥的东西也不给你玩，你会不会不高兴呢？”妞妞若有所思地眨眨眼睛，默默地放下了饼干。

和妞妞的谈话还是有效果的，晚上小家伙走进我们的卧室，说：“爸爸妈妈，我把我的彩笔借给哥哥画画了。”

我抱过妞妞，夸奖她：“我们妞妞可真乖，真是好孩子。”听了我的表扬，她很开心，慢慢地改掉了自私的毛病，有好东西也愿意跟哥哥一起分享，孩子们的关系更融洽了。

在孩子学会分享的时候给一些鼓励，孩子能懂得与人分享是对的，自然能养成“分享”的习惯。

孩子小时候缺乏判断力，不知道区分“自己的”和“别人的”这两种概念。当他们觉得属于自己的东西被别人侵占的时候，往往会大发脾气，又哭又闹。如果我们没能给他们合适的指引，而是对此举熟视无睹，那么对孩子的成长也是不利的。

贝贝是我弟弟的孩子，有一次全家人在客厅里看电视，贝贝拿着自己爱吃的薯片津津有味地嚼着，这时母亲说：“贝贝乖，给奶奶吃一口。”贝贝听话地递了一片薯片给母亲，母亲假装咬了一口，说：“真乖，奶奶不吃，你吃吧。”贝贝受到表扬，很开心。

过了一会儿，小妹来了，贝贝举着薯片对小妹说："姑姑，吃。"小妹看到贝贝这么热情，就抓了一把来吃，没想到贝贝的笑脸不见了，"哇"的一声哭出来："姑姑讨厌，吃我的薯片，我的薯片没了……"母亲赶忙走过来，一边作势要打小妹，一边安慰贝贝："乖孩子别哭，我打姑姑，谁叫她吃我们贝贝的薯片了。"

小妹自然是一头雾水，她怎么知道贝贝并不是真要给她吃薯片呢？

我听说之后，劝母亲不要再和孩子玩这种"假吃"的游戏。经常这样的话，孩子的意识里就会有这样的想法：他们不会真吃我的东西，还会表扬我。这样非但没有教会孩子如何与人分享，还在无形中助长了他的自私心理，变得更不愿意与他人分享了。

当然，孩子的分享行为是后天培养的。这其中有个"教育共识"的内容。什么是"教育共识"呢？就是家庭成员对待孩子成长教育问题的思想达成一致，相比较父母的宠爱，老人往往更溺爱孩子一些，像前面提到我母亲的案例，她的宠爱不能算是真正意义上的爱，而是娇惯和纵容。对此，家庭成员要放弃对孩子不正确的爱，达成思想上的统一，才能培养孩子的分享行为。

学会"分享"不是多么高深的命题，生活中一些小事就可以随时教会孩子"分享"的意义。

我曾经上课的时候给学生们讲过一个小故事：

有一只叼着一大块肉的乌鸦落在树上，其他的乌鸦见了，成群地飞过来想要争夺它嘴里的肉。嘴里叼着肉的乌鸦这时已经很疲倦了，气喘吁吁的，它既不可能把肉一口吞下去，也不可能慢条斯理地把肉放下来，然后一点点儿啄碎。看着蜂拥而至的追随者，它只好停在树上，尽力保护它的食物。

可能因为它太累了，突然一摇晃，嘴里的肉掉在了地上，这时所有的乌鸦都猛扑过去，其中有一只动作敏捷的乌鸦抢到了肉，也和之前那只乌鸦一样叼起食物，展翅飞走了。其他乌鸦还是紧追不舍。

后来，这第二只乌鸦和第一只乌鸦一样，被追得筋疲力尽，无奈，只好也停在一棵树上，最终遗失了那块肉。于是新一轮的争夺战开始了，乌鸦们又开始追赶把肉抢走的“幸运儿”……

看到这儿，可能很多人会觉得这些乌鸦太笨了，事实上那些不懂得分享的乌鸦，终将会失去自己嘴里的肉。它们非但没有保护好食物，还会累个半死。

分享和独占是截然不同的概念，分享被人认为是善良的、团结的，而独占则代表一个人的自私和小气。在这里，我所指的分享不仅仅是物质上的分享，还有精神层面的分享。比如跟别人分享你的愉悦心情，把你的忧愁说给别人听。

有句话说得好：“把快乐说给一个人听，你就有了两份快乐；把烦恼说给一个人听，你就少了一半的烦恼。”要让孩子知道，与他人分享是幸福的，帮助别人是有价值的。

有一次，班级举行讲笑话比赛，学生讲了一个关于“分享”的很有意义的笑话：

在国外的一个小镇里，人们把每周的星期五作为“上帝日”。凡是在“上帝日”期间，家家户户都要闭门祈祷，商店不营业，学生不上学，工人也不上班。

教堂里的神父每天都忙得要死，只有“上帝日”可以休息。神父有个爱好，就是打高尔夫球，于是趁着休息这天，他偷偷溜出去打球了。虽然技术不怎么样，神父还是玩得兴高采烈。没想到这一幕被上帝的天使看到了。天使很生气地向上帝告状：“你的神父不尊敬你，竟然在‘上帝日’偷跑出去打球，你一定要惩罚他。”上帝思考了一下，说：“是的，我一定要惩罚他。”

天使正等着看上帝如何惩罚，却听到神父的欢呼声：“哦！我的天啊，我居然连续10次把球打进洞了！”不一会儿神父又呼喊着：“我竟然得了满分，高尔夫球的天才也不过如此吧！我能得世界冠军了！”天使很不解，问上帝说：“你不是要惩罚他吗？怎么还让他的球打得这样好？”

“我的确在惩罚他，”上帝说，“想想看，他能达到世界冠军的水平，可是又能跟谁分享这个秘密呢？”

由此可以看出，分享也是快乐的源泉，培养孩子的爱心，要让他们从懂得分享开始。

电视瘾：兴趣缺失，找不到更好的娱乐方式

孩子喜欢看电视无可厚非，健康的电视节目可以帮助孩子更好地学习、成长，但是，看得“上瘾”了，就会出现一系列问题。比如，因沉迷电视对生活中的其他事情提不起兴趣，学习成绩下滑，性格变得孤僻等。

孩子年龄越小，家长对孩子看电视这件事更要加以控制，特别是对那些还不满两周岁的孩子，如果他们整天埋头看动画片，家长一定要加以阻止。

有的家长常常容易掉入商人们设下的陷阱，给孩子买大量的“教育光盘”让他们看。也有许多家长忙于自己的事务对孩子整天看电视的行为视而不见。此时，家长就需要自我审视一下，是不是自己的原因把孩子变成了一个“电视迷”？

说到底，孩子为什么喜欢看电视呢？主要还是因为电视里的节目有意思，孩子觉得有趣，所以就容易“成瘾”。可是一旦成瘾，想戒掉就非常难了。

孩子整天看电视会引发一系列的问题。比如：对电视产生依赖，会使孩子形成消极、被动的生活态度；如果整天沉迷于看电视，孩子的大脑中负责交流思想、进行社交的机能就会出现问题；还有可

能导致孩子生活在电视节目这种非现实的空间里，很难处理好现实生活中人与人之间的关系。

不仅如此，看电视成瘾还会导致更严重的问题。比如，孩子的独立思维能力下降、想象力和语言表达能力降低、对读书产生排斥感等。在这样的情况下，家长又怎能期待培养孩子的抽象思维能力呢？

电视瘾的危害如此之大，家长该如何帮助孩子戒掉呢？首先必须明确单纯地依靠一纸协议、口头禁止不可能让孩子彻底改掉沉迷电视的坏习惯。在这里，不妨试试奖惩结合，运用“转移注意力法”和“提高转移兴趣法”，将孩子的注意力慢慢转移到其他可以替代的活动上。

1. 严格控制开电视的时间

如果孩子闹着看电视，家长不妨与孩子约法三章，如果遵守就适当奖励，如果吵闹也绝不妥协。家长可以多和孩子玩一些亲子游戏，以转移孩子对电视的兴趣。

2. 丰富孩子的睡前活动

如果家长想让孩子彻底忘记看电视这件事，必须让他“忙”起来，忙得顾不上看电视。比如，有的家长会和孩子一起读绘本。一本绘本看完，马上给孩子补充新的绘本，久而久之，孩子的意识里就会形成一个“绘本时间”，自然就主动远离电视了。

3. 奖惩结合

如果孩子表现得不够好，家长就要惩罚，取消孩子当晚看电视的机会。如果孩子表现好，就可以适当奖励他们一些与电视节目无关的东西，比如一本书、一盒橡皮泥等，慢慢地把孩子的注意力往别处转移。

4. 家长可以陪着孩子看电视

比如，有的妈妈经常和孩子一起看电视节目中的新闻、《动物世界》《人与自然》或其他一些纪录片。在这个时候，家长还可以就看到的电视内容进行对话，把看电视当作一种教育手段加以灵活应用。这里有一点家长必须重视，就是绝不能将孩子扔在沙发上，让他自己看，把电视当成哄孩子的“保姆”。

5. 合理分工

教育孩子不是妈妈一个人的事，爸爸也要参与进来，要想戒掉孩子的电视瘾，每晚除了亲子阅读，最好再增加丰富的亲子游戏，这是转移兴趣最有效的手段。亲子游戏可以交给爸爸来完成，比如爸爸和孩子玩藏猫猫、玩赛车追人游戏，或做些户外的健身活动等。

6. 多带孩子去大自然中玩耍

大自然中有最好、最天然的“玩具”， 家长可以带孩子去儿童乐园、爬山、看海等。

让孩子完全不看电视是不可能的，家长要做的就是在孩子还不沉迷于电视的时候想办法加以引导，让电视成为一种辅助性的、有效的教育手段。还有一点更重要，那就是家长不仅要智慧地与孩子的“电视瘾”斗智斗勇，更要以身作则用好习惯来影响孩子。

电视孤独症：
缺少与外界接触的窗口

在上一节中，我为大家论述了生活中孩子爱看电视的现象，如果你的孩子十分执迷于看电视，那么你就应该注意，孩子是不是患上了电视孤独症。科学证明，很多人的病态心理的形成阶段大多是在儿童时期乃至婴儿时期，但是孩子出现心理疾患的信号往往都会被家长忽略。

浩浩是一个5岁的小男孩，他经常在电视机前一坐就是半天，眼睛紧紧盯着电视机的屏幕，对其他事情毫不感兴趣。他不喜欢出去活动，也不喜欢和别人说话，连吃饭这样的事情也没有多大热情。长期这样下来，浩浩变得不爱说话、羞怯，见了外人也不敢抬头，不愿和同龄的孩子一起玩，就连一些很简单的游戏都不会做。浩浩的妈妈没有办法，只好带浩浩看医生，检查后发现浩浩患有“儿童电视孤独症”。

近年来一些学者发现，随着电视机的普及，儿童孤独症的患者不断增多。专家将其中由于看电视而引发的孤独症称为“儿童电视孤独症”，多见于3~7岁的儿童。即便是给予这些孩子最好的教育，将来仍有一些人不能很好地适应社会生活，也就是说不能像正常人那样自然地和社会交融。

患有“儿童电视孤独症”的孩子主要有以下特征：

(1) 患有这种病症的孩子每天都花很长时间看电视，对于周围的事物漠不关心，玩具、零食等一些小孩喜欢的东西他们通通不感兴趣，也不喜欢接触同龄的孩子。如果不让他们看电视，他们就会表现出焦虑不安的样子。

(2) 患有这种病症的儿童，在看电视时不允许别人打扰自己，经常对电视中人物的动作、语言进行模仿。这些孩子能将电视节目中的故事情节背得很熟练，还会应用在日常生活中，有的孩子还会出现自言自语的反常行为。

(3) 患有这种病症的儿童性格孤僻，生活经验匮乏，没有学习能力，责任心欠缺，适应外部环境的能力也不强，不能很好地适应社会，情绪波动比较大。

由于儿童本身的思维能力比较差，而他们的行为模仿能力较强，当他们过于频繁地看电视时，就会有大量的电视信息被他们模仿，继而这些信息会不知不觉地渗透到他们的性格和行为之中。电视看得越多，对孩子的负面影响就越大：一方面会让孩子处于孤独之中，常常忘记了自己和他人的存在，完全陷入一种虚幻的情景之中不能自拔；另一方面会让孩子缺乏学习能力，缺少必要的生活经验，长大后很容易成为心理不健全的人。

为了防止儿童患这种疾病，以下有5大防治对策可供家长参考：

(1) 家长要严格控制孩子看电视的时间，特别是年龄较小的孩子，每天最好不要超过1个小时，而且家长准许孩子看电视的时间最好安排在晚上6：00—7：30。

(2) 要选择适合儿童看的电视节目，内容要与孩子的年龄相适应。诸如动画片、儿童文艺节目、知识小品、智力竞赛等节目，这些都是比较好的选择，而一些成人化的节目，家长应坚决不让孩子看。

(3) 如果家长的时间充裕，最好可以陪孩子一起看电视，必要的时候给孩子解释电视节目中的内容，帮助孩子理解一些知识。在看过电视之后，家长可以试着让孩子复述看过的内容，这样既可以帮助孩子从电视中尽快摆脱出来，也可以培养孩子分析、表达、记忆和判断是非的能力。

(4) 家长尽量减少看电视的时间，以免孩子跟着自己一起看。家长不应该只顾自己看电视而把孩子晾在一边，这样很不利于孩子的发展。

(5) 家长应尽可能多陪陪孩子，多给孩子讲一些故事，多和孩子一起做游戏或者带着孩子到户外活动。平时家长还应该多培养孩子对生活的兴趣，以此转移孩子对电视的注意力。

不专心：总被其他事干扰留下的“后遗症”

我看到过这样一句话：“成功的人只是一个平凡人，但却多了一份专注。”一个人是否有力量，秘密就在于他做事是否能保持持久的专注力。学习也是一样，让孩子一心一意地学习并不是一件容易的事，很多孩子都是“三天打鱼，两天晒网”。对孩子来说，是否具备专心的精神，将会在很大程度上影响他的一生。美国著名教育家斯托夫人认为：“孩子只有先形成一种专心的习惯，才有可能在日后对自己的事业全身心投入，不会被其他事情所干扰。”

希尔伯特是德国著名的数学家，凡是数学家都是思维极其活跃的人，但你能想到吗？希尔伯特在小时候却是一个反应迟钝的孩子，他的母亲为寻找教育孩子的适当方法付出了很多努力。

母亲甚至专门找来教育学的书籍，一面学习，一面思考着教育儿子的方法。她细心地观察了儿子一段时间后，突然发现尽管希尔伯特反应迟钝、语言能力差，但他也有自己的优点，他在听、看、想的时候都十分专心，一件事情想不明白，就绝不做第二件事情。在观察和思考某一个问题时，希尔伯特对于外界的任何强烈刺激都无动于衷。

做事专心是孩子一个非常大的优点，母亲发现儿子的这个特点后，立即调整了教育方法，她决定从希尔伯特最感兴趣的数学教起，强化他的专注力，借此打开儿子的智慧之门。

母亲在希尔伯特很小的时候就开始教他数学，但都是随意教的，

6 岁的希尔伯特尽管对数学产生了浓厚的兴趣，但还不能一口气数到 100。于是有一次，母亲为他找来了 100 个土豆。她把土豆排成一排，让儿子一个接着一个地往下数。一遍数不对，再数第二遍。

希尔伯特便按照母亲的要求，认真地数起来。不管母亲在不在身边，他都是一遍又一遍地认真地数着。母亲见儿子如此专心，就去干活了。当母亲把家务事忙完，做好饭来叫儿子吃午饭时，发现他仍然坐在那里专心地数着。

母亲走过来一看，发现儿子做了一件很有创意的事情，只见他把这些土豆排成一排一排的，总共有 10 排土豆队伍。

母亲不明白儿子的举动，就问他："你还在数数吗？"希尔伯特说："妈妈，我现在已经数到 10 000 了。"母亲惊奇地说："是真的吗？你刚刚连 100 都数不到呢，现在都能数到 10 000 了？"母亲虽然不相信儿子的话，但是，儿子的回答却让她感到极其兴奋。

希尔伯特高兴地对母亲说："妈妈，难道您没有发现吗？现在的土豆是每排 10 个，10 排是 100 个，20 排就是 200 个，100 排就是 1 000 个，如果是 1 000 排，那不就是 10 000 个土豆了吗？"

听了儿子的话，母亲高兴极了，夸奖道："你说得太对了。"接着，母亲有些困惑地问，"我还没有教你学乘法，你怎么已经会了？是跟谁学的呢？"

儿子自豪地说："这是我自己想出来的。您看这些土豆，从 1 到 10 这一排是 10 个土豆，从 11 到 20 这排还是 10 个土豆。这样的话，1 排 10 个，2 排就是 20 个，那 10 排就是 100 个，这样数一数当然就又快又准确了。"

母亲听着儿子高兴地介绍着自己的数数方法，发现他具有特殊的能力，那就是逻辑思维能力和创造力。她赞赏道："你说得没错，真是聪明的方法！"

这个故事让我们知道，如果孩子从小就表现出做事专心的样子，家长要好好地加以引导，不要胡乱打断孩子“思考”自己的问题，要保护孩子的这个优点，并将之强化为做事的专注力。久而久之，孩子就会养成做事专注的习惯。

有很多家长对孩子幼年时表现的“专心”不够关注，比如看到孩子在玩一个玩具很专心，就以为孩子喜欢玩，于是又给孩子拿来一个。殊不知，这样做是在谋杀孩子的“专心”，使孩子更容易将注意力转移到另一个玩具上；有时候，家长为了让孩子吃饭，故意讲一些其他话题来引开孩子对饭的“厌恶”情绪，趁孩子不注意就往他嘴里塞一口饭，这样就让孩子养成了不专心吃饭的坏习惯。

专注力要从小养成，如果孩子太大，形成了固定的习惯就更难养成了。

将6个子女全部培养成名牌大学生的韩国妈妈全惠星，为了锻炼孩子们精神集中的能力，想了不少办法，但大多效果不好。

一次，全惠星去巴厘岛度假，在海岸边的一块礁石上，她发现两位正在练印度瑜伽的姑娘。她们盘膝而坐，面朝大海，面前放着一块黑色的板子。全惠星很纳闷，便问道:“这块黑板是做什么的呢？”两位姑娘告诉她，她们之所以在面前放块黑板是为了培养自己的专注力，让自己的目光紧紧地盯在黑板上面，从而可以入静。全惠星又问：“为什么是黑色的呢？”姑娘的回答很有哲理：“因为黑色是一种虚无，盯在黑色上，就能达到虚无的更深处。”

全惠星恍然大悟，一回到家里，她就和丈夫一起为孩子们做了一块“黑板”。这块“黑板”面积约6平方米，上面贴着一层纯黑色的塑料膜，像一块黑色的幕布；中央有一只小小的蓝色闪光灯，每隔一定的时间，闪光灯就会亮一下。

于是，培养专注力的训练开始了。每天晚上临睡觉前半小时，全惠星都要对年幼的孩子们进行训练，她要求孩子们盯着“黑板”，同时，大脑要停止一切思维。有时孩子们在不知不觉中，精神就“溜号儿”了。这时，“黑板”正中的灯就会闪起来，一个声音提醒道：“请不要想任何事情，请不要想任何事情……”

这样的方法很奏效，经过半年的训练，孩子们大多能保持十多分钟的“零思维”状态。这种强大的入静能力提高了对大脑思维活动的控制能力，这种能力使孩子们能够在学习时保持精神的高度集中，从而极大地提高了孩子们的学习效率，也极大地提高了他们分析问题的能力和创造力，为以后的成功打下了牢固的基础。

有兴趣的家长不妨试一试这个方法。

当然，提高孩子的专注力还有很多方法。比如，家长可以制定不规则分段的时间表来提醒孩子遵守，可以设定闹钟，可以让孩子猜题提升考试的注意力等。为了让孩子积极地去做，家长也可以给予一定的鼓励或恰当的奖励，不能因为孩子一时无法做到就批评、责备，从而导致孩子不服从、不配合。总之，家长的耐心很重要，要慢慢引导，让孩子快乐而积极地配合自己的方法，这样做才最有效果。

没毅力：年龄和心智发展的局限

我周围的一些家长常常对我说：“我家的孩子做什么都三分钟热度，今天正学着画画呢，明天又说去学钢琴，做什么都没有常性，真拿他没有办法！”面对孩子的不专一，家长是不是真的没有办法呢？我从自己教育孩子的经验中总结出，家长在面对孩子的“三心二意”时，应该用欣赏的眼光看待孩子，然后用正确的方法引导孩子。

孩子的“三心二意”常常表现在兴趣培养方面，家长在培养孩子的兴趣和特长时，首先要明确自己培养孩子这种兴趣的目的是什么，是为了提升修养，还是为了开发潜能，或者是为了给孩子一技之长……当你了解了自己培养孩子兴趣的目的是什么，你就可以因势利导，鼓励孩子在这方面长久地发展下去。但因为小孩的年龄和心智发展的局限，所以他们的兴趣和爱好会常常更换，不能坚持到底。

炎炎是我们小区的一个孩子，也是我女儿妞妞的好朋友，因为孩子的缘故，我们两家的关系很不错，我和炎炎的妈妈经常会在一起谈论孩子的事情。

有一次，我给妞妞报了一个美术班，没过几天，炎炎的妈妈也给炎炎报了美术班。其实，炎炎的妈妈更想为女儿报钢琴班，但是炎炎一看妞妞去学画画，自己也非要去学，她妈妈没办法只好依着女儿。

刚开始的时候，两个小女孩在一起学画画，兴趣都比较高，但是一段时间过后，两个小姑娘都不想去学画画了，想要学跳舞。结果跳舞学了一段时间，她们两个又因为学跳舞很辛苦，又都不想学了，怎么拉她们去舞蹈学校都不去。

一番折腾下来，我们两家钱没少花，但两个孩子什么都没学到。着急的炎炎妈妈就来和我商量对策。

炎炎的妈妈苦恼地说："你说怎么办啊？这两个孩子一会儿学这个，一会儿又学那个。为给炎炎报美术班和舞蹈班，我钱都花进去那么多了，孩子现在什么都没有学到，我真害怕这样下去，她对什么事情都没有兴趣。"

我心里虽然也有担忧，但是我相信孩子的这种情况是有办法解决的，于是安慰炎炎的妈妈说："你不用把事情看得这么严重，两个孩子年龄还都这么小，让她们多接触一些东西并没有什么坏处，当然，像她们这样的情况对以后的发展也不好。现在我们就是要想一个办法，把孩子这种'三心二意'的心收一收，给她们找一个她们喜欢的，又能坚持下来的兴趣。"

炎炎的妈妈担心地说："你说哪个兴趣孩子坚持下来不能有出

息？就是孩子太爱变了，今天喜欢画画，明天喜欢体育，后天又说喜欢钢琴，你都不知道她们心里是怎么想的，劳心劳力地为她忙活半天，结果白忙活了！”

我笑了一下说：“你不用这么悲观，两个孩子去学画画和舞蹈，可能是因为看到别的小朋友去了，她们也想去试试，因为对一件事情有好奇心和探知欲，所以才想要去进入其中看一看。不过，一遇到挫折和学习的障碍，她们就会感到失落，也就不想继续学下去了。还有就是对这件事情的新鲜感消失了，就把目光转向了另一个能引起她们兴趣的地方。这很正常，我们做家长的不应该在这时候慌乱。”

炎炎的妈妈有些无奈地说：“那你说要怎么办呀？现在我是一点儿办法也没有了，也不敢再给她报什么兴趣班了，害怕她学一会儿又放弃了。难道要每天逼迫她去上兴趣班？”

我马上摇头说：“绝对不要逼迫孩子去上兴趣班，兴趣班就是要让孩子感到高兴又能感觉到有趣的地方，如果孩子在那里只感觉到压抑和痛苦，那就是对孩子的一种折磨。让孩子去上兴趣班不能用强迫的手段，我们要让孩子自愿地去上，这样她们的热情才会保持得长久。”

“那要怎么做呢？”

“首先，我们要根据孩子的实际情况确定孩子的特长是什么，然后在这方面经常鼓励她、表扬她，建立起她的自信心，然后再适时地引导她，这样孩子会为了巩固自己的优势，就想要去专门的班级里学习，因为学得越出色，她就会得到越多的表扬。”

“我们家炎炎的特长就是弹钢琴，有一次，我带她去姐姐家玩，她以前没接触过钢琴，但是那天她竟跟着我姐姐的孩子学习了一首曲子，虽然弹得断断续续，但是能听出她在这方面的天分。”炎炎的妈妈说。

我点点头，说：“对，孩子的天分是不可小看的，我们就是要抓住孩子在生活中显露出来的一点点看似很少的天分，然后把孩子的这种天分培养成她的特长。有些孩子并不是生下来就擅长某些东西，她需要后天的引导和培养，需要家长给孩子不断的自信和力量，这样孩子才能在某一方面有所建树。即使孩子以后不能在这一方面取得什么大成就，但多一门技艺，就为人生多开启了一扇门，不至于到最后无路可走。”

炎炎的妈妈也点点头，说：“你说得很对，有多少孩子是一生下来就是天才的，大多数成为天才的人不都是通过后天的努力和培养才成为大人物的吗？我让孩子报兴趣班的原因，就是希望她能有一技之长。”

我想大多数家长的想法和炎炎的妈妈是一样的，就是希望孩子现在学好一门技艺，给未来一个保障，这是很现实的想法，没什么不对。但从我个人来说，我让女儿参加兴趣班是希望可以提高孩子的艺术修养，开发孩子的智力，激发出她身上的潜能，同时也就让孩子学到了这门技艺。

本着这样的想法，我还是让妞妞报了画画班，因为通过观察女儿的画，我发现她对事物的观察力和对颜色的运用都很敏锐，而且她本身对画画的兴趣也很大，之所以前一段时间放弃画画改学舞蹈，是因为受到小朋友的影响，也是因为自己对舞蹈有一种向往和热情，但是这种热情在她真正接触舞蹈的时候就已经消失了。

她发现舞蹈并没有她心中想象的那么美好，反而总是带给她挫败感和痛苦，所以她还是选择了能够经常受到大家表扬的画画。

我无法判定女儿将来能不能成为一个画家，也许她上小学或者高中的时候就会改变自己的兴趣，但是现在她对画画是专一的，而且兴致很高。最重要的是，她画的画不断地得到他人的称赞，她因此极大地提升了自信心，也渐渐改掉了胆小的毛病，自身的耐心和毅力都得到了加强，我觉得这才是我让女儿去学习的最大目的。

解决孩子对学习“三心二意”的问题是帮助孩子成功的关键，

家长绝不可轻视。我们要针对孩子的性格和年龄特点，采取不同的方法进行引导和教育，鼓励孩子养成持之以恒，做事专一、认真的好习惯，让孩子在稳步中前进，对所学的事情真正感兴趣，并且有目的、有秩序地把想要学的知识学扎实。

迷网游：现实生活中缺失成就感

我认识一个孩子玩网络游戏成瘾，以致于常常夜不归宿，为了挽救沉迷网络的儿子，爸爸辞去了银行的工作，每天骑着自行车去城市的大街小巷的网吧里寻找儿子，找到了就劝，劝不动就打，打急了儿子居然还跟爸爸还手。父子俩一度大打出手，连小区的保安都被惊动了，儿子看爸爸的眼神中充满了仇恨，那种眼神连邻居看了都觉得心惊肉跳。三年来，这个爸爸几乎跑遍了全市大大小小的网吧，甚至还亲手画了一幅网吧地图。

真是可怜天下父母心！

网络游戏对孩子的巨大诱惑常常是家长所惧怕的，有的家长怕孩子玩游戏成瘾，一直坚持不给孩子买电脑，可是没有用，孩子会去网吧玩；有的孩子只要一打游戏就停不下来，完全没有自控能力，甚至有的孩子玩起游戏来没日没夜，对身体造成了很大伤害。

网络游戏究竟有多“害人”，以致让很多家长都恨之入骨呢？

这还要从网络游戏为何如此吸引人说起。孩子爱玩游戏是因为游戏让孩子产生了快乐的体验，让孩子有成就感，尤其是把游戏一关关地打过去，那种成就感是不言而喻的。在玩游戏时，只看你的熟练程度，而不问在现实生活中，你是一个孩子还是一个“坏”学生，在游戏玩家中，只有级别的高低。这些可以在游戏中享受到的快乐、幸福、成就感和战胜欲，往往是孩子在现实生活中体会不到的。

事实上，人的本能就是选择快乐和开心的事，而逃避那些痛苦和难过的事，如果一个孩子在现实中觉得痛苦，被评价为是一个“坏”孩子，他很可能会去游戏这个虚拟世界里寻找他自身的“价值”和他所需要的快乐。所以当孩子沉迷网络游戏时，家长首先要自问：孩子为什么会沉迷，我们是不是给了他太多的压力？

孩子爱玩网络游戏，这是一个不容回避的难题。心理学家的建议是：家长无法禁止孩子玩游戏，但却可以帮孩子选择玩的游戏。

有个妈妈的方法值得借鉴。

这个妈妈的儿子在上初二时迷上了网络游戏，她发现孩子总是去游戏厅里玩游戏，还总是向自己要钱，才意识到孩子有了“游戏瘾”。

一天，妈妈偷偷地跟着孩子来到了街角的游戏厅。看到孩子进去，妈妈站在门口想了想该怎样对待这件事后，也跟了进去。她只是轻轻拍了一下儿子的肩膀，扭头就走，儿子当然也乖乖地跟在妈妈的身后。

一路上，妈妈没有和儿子说一句话，回家后一直到吃饭时都没有说话，而是给孩子盛好了饭菜端上桌。

第二天，儿子又去了游戏厅，妈妈又和第一天一样，把他领回了家，还是没有和他说一句话。

第三天，儿子没去游戏厅，但隔了3天，他又去了游戏厅，又被妈妈抓了个正着。

这个“捉迷藏”的游戏玩了6次之后，妈妈终于和儿子摊牌了：“你说吧，你是继续读书还是退学专门玩游戏呀？”儿子当然不敢说退学专门玩游戏的话。妈妈一字一顿地说：“你听好了，要想好好念书，就不能再踏进游戏厅一步！记住了没有？”

后来的三五天，孩子果真没再进游戏厅，但是妈妈知道，游戏机的巨大诱惑力是他这个年龄的孩子无法抗拒的。要想从根本上解决问题，就必须有更大的诱惑超越它。于是，妈妈给儿子买了许多书，想以此转移他的注意力。可儿子不喜欢看，更没有耐心读。

怎么办？妈妈想到了医学上“以毒攻毒”的说法。最后，妈妈狠了狠心，给儿子买了一台能在家玩游戏的电脑。当然，这是一笔不小的开支。

为了对儿子玩游戏有更多的了解，妈妈还专门看看别人对某款游戏的评价，留意一些专家和报刊上推荐的好玩又健康的游戏，亲自体验过后，妈妈就给儿子下载下来。

看着儿子高兴的样子，妈妈严肃地对他说：“这次我花了全家两个月的生活费给你买了这台电脑，就是为了让你不再去游戏厅！一是怕你没节制，二是游戏厅里的游戏内容也没有我选的好，不利于你的进步。你可以在家玩，但一定要在做完作业后再玩，并且每天最多只能玩一个小时，一分钟都不能超！希望你能管住自己。妈妈就是为了锻炼你的意志力才买的，你知道吗？”

孩子郑重地朝妈妈点点头，妈妈接着说：“你要知道什么是重要的，什么是不重要的。你要用很坚强的意志去克服想玩的欲望，就是说你要有能忍着不玩的定力。只有培养出你的自制力，我才算没有白买。”

后来，儿子玩了一段时间的网络游戏后突然失去了兴趣，又迷上了弹吉他，再加上那台电脑配置比较低，不到两个月孩子就觉得网络游戏没意思，不再玩了。

这件事给我们的启示是，当孩子意识到自己犯错误时，家长先不要批评他，让他自己在惴惴不安中反思、反省，这要比直接批评的效果更好。有些家长总是埋怨孩子玩游戏“屡教不改”，究其原因是孩子已经对你的训斥和责打习以为常了。

与其让孩子在外面偷偷摸摸地玩网络游戏，不如让他回家，在家长的监督下玩。实践告诉我们，你越是禁止的东西，孩子可能越感兴趣，因为他的小小内心里有“和你对着干”的思想，但你如果宽下心来，任他去玩，他也就消除了对抗的心思。

所以，家长在看待网络游戏时，千万不要总是把它当成洪水猛兽，一味地加以制止，你不妨放宽心，把网络游戏看做是一个再正常不过的东西，就好比生活中的其他游戏一样，拥有一颗平常心，孩子爱玩就给他玩，但要把握好度，同时自己要对游戏的内容仔细筛选，杜绝那些暴力游戏，在下载前先自己玩一遍，没问题了再给孩子玩。

乱发脾气：无法排遣的孤独

一个妈妈为孩子的无理取闹伤透了脑筋。孩子本来很乖巧，可是一上幼儿园就仿佛变了一个人，每次上幼儿园之前，他都在家里哭闹着不想去，考虑到孩子可能刚开始不适应，妈妈耐心地讲道理，进行说服教育。如此，持续了一个多月，孩子总算开始适应幼儿园的生活了，没料到，好景不长，孩子上幼儿园倒是不闹了，可是每天放学回家后，他变得更加无理取闹，动不动就大哭一场。妈妈实在忍无可忍，只能大声喊他，甚至把他关进屋里，直到他不哭了，妈妈才耐心地讲道理。可是第二天，孩子依旧无理取闹，妈妈只好又重复打、骂、关屋子、和解的过程。这几乎成了每天的“必修课”。

这个妈妈一直觉得自己很民主，凡事都跟孩子商量、讲道理，可是孩子依旧无理取闹，她想不通这究竟是为什么。

其实这样的问题，有不少的妈妈都会遇到，甚至一个原本很乖巧的孩子到了一定阶段也常常会因为需求不被满足而无理取闹，比如毫无缘由地大发脾气、挑三拣四、不讲道理，就像变了一个人。面对孩子的无理取闹，家长又是怎样做的呢？

有的家长只想着用另一种方式转移孩子的视线，缓解局面，却忽略了孩子更需要的是了解和慰藉。比如孩子发脾气时，家长常会说：

“我们去买宝贝最爱吃的巧克力好不好？”有的家长则直接不耐烦地斥责或惩罚孩子“你这样做真丢人”“再吵我就要打你了”！有的家长干脆置之不理，这种“冷漠型”的家长对孩子的负面情绪既不否定也不责骂，而是选择让孩子自己宣泄：“到门口站着吧，等气消了再进来”“要哭就哭个够吧，哭够了再来找我”。这样只会让孩子更长时间地哭闹，因为他们根本无法安抚和舒解自己的情绪。还有一种“说教型”的家长，在孩子无理取闹时热衷于滔滔不绝地讲道理，以为这样孩子的负面情绪就会消失，却不知这样只会让孩子更加感到孤单、无助。

明智的做法是，家长一定要先沉住气，不要孩子一哭闹，就自己先乱了阵脚，不是气急而打，就是妥协放任，最好先找出孩子无理取闹的原因。

具体而言，孩子无理取闹的原因有以下几种：

1. 孩子的年龄特性所致

由于孩子年龄太小，情绪波动大，自控能力较差。当自己的要求得不到满足时，他就会大发脾气，发泄自己心中的不满。比如有的孩子动不动就要买玩具，妈妈不给买就赖着不走，大哭大闹，这时，如果妈妈妥协一次，孩子就会闹第二次，久而久之，在妈妈的纵容下，孩子就会更加肆无忌惮。

卢梭说：“如果你一看见孩子流泪就给他东西，就等于鼓励他哭泣，是在教他怀疑你的好意，而且还以为对你的硬讨比温和地索取更有效果。”孩子的欲望是无止境的，总有一天，妈妈会拒绝他。而如果在一开始就拒绝会比在以后拒绝给孩子的打击要小得多。所以，当孩子一有无理要求时，妈妈就要干脆地拒绝。

2. 家庭环境的影响

如果家长常常吵架，情绪不稳定，那么孩子的脾气也多半会不稳定，容易着急。反之，如果家庭和睦，尊老爱幼，邻里团结，那么，孩子的性格也往往会比较柔和。比如一个孩子喜欢乱抛东西、爱打人，常常是因为他在家里受到了脾气暴躁的家长的影响，在潜移默化中模仿了家长的做法。所以，家长一定要注意自己的言行，尤其是在吵架时千万不要当着孩子的面，要为孩子提供一个温暖、和谐的家庭环境。

3. 孩子对家长的不满

由于年龄上的认知差异和亲情感恩教育的缺乏，有的孩子对家长的良苦用心不能完全领会，反而认为家长对自己管教约束太多，“使我不得开心颜”。有些孩子在成长的过程中经受了肉体上的折磨和精神上的虐待，有的孩子甚至没有听到过家长的一句赞扬，这就导致了孩子更容易对家长产生不满情绪，变得爱发脾气、无理取闹，甚至故意犯错误来引起家长的关注。比如，有个妈妈总当着孩子的面说他不如隔壁的小孩，导致孩子变得自卑、怯懦。有一天孩子突然说了一句：“我不想让你做我妈妈了，我想让隔壁的阿姨做妈妈，隔壁的阿姨比你漂亮，更比你有学问！”为了避免出现这一情况，妈妈要正视自己的缺点，提高自身的修养，不要对孩子过于苛责，要学会尊重并赏识孩子，多给予孩子赞扬和鼓励。

4. 孩子挫折感的表现

孩子成长得太快，但是有些事情想做却没有足够的能力，这样在有了一些挫折感之后，孩子就会变得沮丧，选择通过发脾气、无理取闹来发泄自己的情绪。

5. 孩子模仿的结果

这一般发生在孩子 8 个月到 3 岁这个年龄段，因为此时的孩子有了一定的自主性，当他们提出的要求得不到满足时，就会用自认为最有效的方法来要挟妈妈，比如哭闹甚至是打滚，他们这样做有时是在模仿电视中或周围同龄小朋友的行为。

总之，对待孩子的无理取闹，一定要从原因上入手，孩子一无理取闹就大加斥责是不对的，要找明原因，在自己与孩子之间建立起信任的桥梁，了解孩子的看法和感受，帮助他们调节负面情绪。

当孩子生气时，你可以用轻柔、同情的语气说：“我看你现在好像很伤心、很生气，告诉我发生了什么事？看到你这样我心里也很难过。”这样说表明了你理解和在乎他的感受。他不开心你也难过，因为你很心疼他。孩子听到这样的话，更容易把自己的心里话说出来；当孩子胡乱发脾气骂人或摔玩具时，你要让他遵守行为规范，让他明白不良的言行是不对的，是不能被别人容忍的。你可以对孩子说：“你刚才骂我，已经伤害到我了，刚才还想摔东西，就更不好了。好孩子要学会为自己的言行负责。”家长要引导孩子意识到自己的做法是很糟糕的，已经对别人造成了伤害。更重要的是，家长要想办法引导孩子平复情绪，帮助孩子做出最好的选择，如果有必要，家长不妨以愉快的态度参与孩子解决问题的过程，让他觉得自己并不孤单。

乱扔东西：希望唤起家长的注意力

每个孩子都有很多玩具，孩子天生就喜欢玩玩具，可是玩完后却不肯自己收拾，经常扔得满地都是，有的孩子还会用脚踩来踩去。很多家长看到这种情景后常常会呵斥孩子把玩具捡起来放回原处，可是慢慢地，孩子也会对家长的呵斥越来越没反应，结果总是留下家长一个人来打扫整个“战场”，令家长无可奈何。

家长该怎么办呢？我们不妨先来看看下面这个妈妈是怎样做的。

一天，孩子从幼儿园回家后，不一会儿又把玩具扔得满地都是。妈妈一看教育的机会来了，便一边不动声色地在旁边观察，一边取出了自己早就准备好的道具——一个漂亮的大纸盒，外面用花布包上。

孩子玩了一会儿后，果然又丢下玩具去看电视，这时妈妈就从地上捡起一个玩具，故意用夸张的语气说：“咦，你怎么哭了？发生了什么事？”孩子停下来，好奇地看着妈妈和玩具“对话”，于是妈妈又说：“哦！你是摔疼了才哭的啊，别哭，我送你回家吧。”边说边把玩具放进了准备好的花布盒子里，然后说：“你就在家里面睡觉吧，下回再叫你出来玩。”见孩子全神贯注地看着自己，妈妈赶紧抓住机会告诉他玩具也有“生命”，如果不好好爱惜，它也会伤心，之后妈妈又给孩子讲故事，让孩子体会被遗弃的玩具的悲伤心情。天真、善良的孩子真的相信了玩具是有“生命”的，之后，每次玩完玩具总是小心地收好。

为了表扬孩子的表现，妈妈后来还奖励给他一个漂亮的玩具箱，并且配了一把好玩的“童心锁”。孩子看了更喜欢了，不仅不乱扔玩具了，每次玩完后还都把自己的玩具整理得井井有条。

孩子为什么喜欢乱扔东西？主要原因有两个：一是把东西扔在地上会有响声、会变形，孩子喜欢寻求这种刺激；二是孩子通过乱扔东西来引起大人的注意。

年幼的孩子更喜欢通过扔东西来吸引家长的注意，但是如果懂事了的孩子依然没有整齐地摆放物品的意识或习惯，家长就要采取硬性措施帮助孩子树立这种意识，帮他们改掉陋习，养成好习惯。

除了上述案例中的妈妈采取的方法外，还有以下几种方法供家长们参考。

1. 不理不睬，装作没看见

孩子喜欢将自己的东西随便摆放，就随他去，妈妈可以不理不睬，装作没看见。等孩子要用的时候，却怎么也找不到，这时，妈妈再帮他收拾，放回原处。只有对比之后，孩子才会明白，把东西摆放整齐是最好的选择。

2. 奖励给孩子一个收纳箱

如果孩子有一次“良心发现”好好地整理了自己的物品，妈妈就要抓住这个机会对他进行鼓励，妈妈最好再给孩子买个漂亮的收纳箱。这样，孩子受到了双重鼓励，整理东西的兴趣就会被调动起来，慢慢地就会养成好习惯。

3. 鼓励孩子整理房间，整理好了，一块儿欣赏

只有家长和孩子一起进行家务劳动，收拾他的小房间，孩子才会觉得开心，才愿意去做家务。在任务完成时，家长不妨与孩子一同欣赏劳动成果，鼓励孩子继续保持。

4. 给孩子制作一张品德表贴在墙上

家长可以采用积分制的方法，把孩子每次主动收拾家务、帮家长搞卫生或自己整理东西的优点都记在上面，积够了多少分就承诺满足孩子的一个合理的愿望。孩子有了这种激励，就会慢慢地养成整理东西的好习惯。

5. 妈妈要做孩子最好的榜样

如果妈妈本身也是一个爱整洁的人，家中随时收拾得干净、整齐，生活在温馨、整洁的环境中，孩子是不好意思破坏的，他在乱扔东西之前也会三思而行。

最忌讳的就是妈妈没有耐心，一旦发现孩子乱扔东西就控制不住自己，大加责骂。这种极端的方法不仅不能帮助孩子纠正坏习惯，还影响了亲子关系，甚至会引起孩子产生逆反心理，所以，妈妈一定要提醒自己多注意。

厌学：源自怯懦的逃避心理

新学期的第二天，小约翰的妈妈想尽一切办法，试图让孩子们早点上床睡觉，一方面希望孩子们可以养成早睡早起的好习惯，另一方面也希望孩子们明天可以有一个好的精神去上学。所有的孩子都去睡觉了，只有9岁的小儿子约翰一直不睡觉，甚至还对妈妈发脾气，无论妈妈怎么说，小约翰就是不肯上床睡觉。最后，妈妈很无奈地告诉丈夫："乔，你最好去管管你的儿子约翰，因为我已经管不住他了，任凭我怎么哄他，他就是不睡觉，我看他明天是不想上学了。"听到妻子的话，乔直接去约翰的房间，与约翰进行了一番对话。

乔："嘿，小约翰，我想和你聊聊，可以吗？你的妈妈说你让她很为难。怎么了？在我看来，你好像有什么不开心的事情？"

小约翰："我很担心！有很多担心！我讨厌去上学！"

乔："喔，亲爱的孩子，我倒是很想听听你的担心，你因为什么而担心呢，上学是件很讨厌的事情吗？"

小约翰："的确如此，烦心的事情太多，一两句话也是说不清的，总之我明天就是不想去上学了。"

乔："那好吧，我也不勉强你，不过你完全可以把自己的担心以及不想去上学的原因写到一张纸上，或许我可以帮你解决这些问题，你看怎么样？"

30分钟之后，乔从小约翰的房间里出来，看得出，乔很有把握。

妻子："发生了什么事情，约翰睡了吗？"

乔："当然，我把孩子哄睡了。"

妻子："你是怎么做到的呢？"

乔："我要求他把自己不想上学的原因以及自己担心、烦恼的事情都写下来，然后我们共同商量了一些对策。"

妻子："只是这样？"

乔："我又给他读了一遍，并且保证实现自己的诺言。"

妻子："然后呢？"

乔："我告诉他我以后将会空出一些时间帮他解决这些担心和烦恼，他就把他的'担心列表'放在枕头下睡着了。"

第二天清晨，小约翰的妈妈在给他换被单的时候，发现了他的"担心列表"。下面就是他所担心的问题以及不想上学的原因：

（1）开学了，我需要更多的衣服穿，其他小朋友都穿得很好看，我的衣服太难看了。

（2）学校功课很重，有很多书要带，而且老师会留那么多家庭作业，都没有玩的时间了。

（3）需要更多的钱买在学校吃的零食（注：外国学校有零食时间，怕孩子在正餐之前就饿了）。

（4）自行车坏了，链子挂不上，去学校的路途有些远，太耗时间。

（5）上学就意味着考试，怕考不好被老师批评，妈妈也会不高兴的。

（6）不想上那么多辅导班，很累，也很无趣。

上面这个案例是我在网络上看到的，在现实生活中，很多有厌学情绪的孩子在学习能力和智力的测试中，一切数据表明他们的能力和智力都很正常，甚至有些孩子还属于超常，但就是不爱学习。这与家长过分看重分数有很大关系。

有些家长只注重孩子的分数，一旦看见孩子的成绩比自己朋友的或是邻居的孩子低就火冒三丈，冷酷地逼迫孩子学习，以加快进步的脚步，根本就不管孩子的心情如何。其实孩子的学习压力本来就很大，如果家长不理解孩子，他的厌学情绪肯定会越来越严重，逃学也就成了无法避免的事情，而逃学其实就是在逃避压力。

对此，建议家长学学上文中“乔”的做法，先和孩子进行良好的沟通，了解孩子的心情以及讨厌学习的原因，再根据具体的情况和孩子商讨解决问题的方案。这样不仅可以让孩子的心情得到放松，还能使家长和孩子之间形成一个良好的互动关系，从而更加有利于孩子的学习。

当然，孩子做家庭作业时，家长也可以在旁边陪着或者偶尔过来询问、指导一下，看到孩子在做对一些题的时候给予他一些赞美或鼓励，以培养孩子的自信心以及上进心，孩子的厌学情绪也会慢慢消失。

有时候，你也可以适当地装一下“无知”，对一些很简单的问题向孩子发问。当然，这些问题要和孩子所学的知识有关，只要引起了孩子的求知欲，他就不会认为学习是一件很枯燥的事情，就会主动学习，厌学情绪自然会消失。

孩子讨厌学习是很常见的事情，其解决方法有很多，关键是家长要会采用正确的计谋，巧妙地“诱骗”孩子去学习，相信会比直接逼迫孩子学习效果好得多。

焦虑——孩子的障碍心理

成年人焦虑，是因为生活压力的日益增大，使他们为自己的生活状态担忧。但是有一些孩子也存在焦虑的心理，这是为什么呢?

1. 家长对孩子的期望值过高会让孩子焦虑

王雷的家长让王雷从3岁起就开始背唐诗，5岁的时候开始学书法，周末的时候要练琴，假期的时候还要学绘画。王雷的家长还实施类比教育，让王雷与班上学习成绩优异的同学相比，与各方面有特长的孩子比。这样做的结果是王雷的自尊心和自信心彻底被击垮，心灵也备受折磨。小小年纪的王雷过早地患上了焦虑症，他不但什么都没有学好，连继续完成学业的勇气都没有了。

望子成龙几乎是所有家长的愿望，为了能让自己的孩子早日成才，很多家长都费尽心思为孩子寻找成才路。但是，家长的期望值过高，导致孩子承受的心理压力过大，而这些压力导致孩子产生焦虑心理，不仅不利于学习，还有可能影响孩子的健康。

2. 孩子因为惧怕考试而心生焦虑

由于萧萧的家长对萧萧的期望过高，因此他们对萧萧的考试分数很在意，最常见的反应就是高分优待，低分“虐待”。这样的落差让萧萧产生了很强的焦虑心理，这种焦虑导致萧萧每次考试的时候情绪都很紧张，有时甚至会害怕考试。而且由于萧萧每次在考试之前患得患失，精神紧张，休息不好，使得她在考场上精力不能集中，思维也变得迟钝，严重影响了自己正常水平的发挥。

心理学家认为，学生惧怕考试其实是因为害怕失败。现在的孩子心理承受能力普遍较差，一旦头场考试失败，在接下来的考试中就处于担心的状态，这种恶性循环使孩子失分的现象屡见不鲜。

针对孩子这些焦虑的心理，家长只有采取合理的应对方法，才能帮孩子早日消除这种心理障碍。那么如何才能帮助孩子克服焦虑症呢?

（1）要创造一个轻松的家庭环境。家庭对孩子来说是一个天然的课堂，只有家长言传身教，彼此和睦，孩子才能有健康的心理。

（2）要恰当地指导孩子。在教育孩子的时候，家长最好能够根据孩子的天性、爱好、兴趣采取正确的方法，不能急躁；要尽量开发孩子自主学习的兴趣，以满足孩子的求知欲。

（3）不要对孩子期望太高。作为家长，应该很好地把握孩子的考试情绪，不要过度地给孩子施加压力，只要孩子尽力而为就可以了。千万不要对孩子一味地唠叨或者嘲讽、挖苦，因为这样不仅会使孩子感到压抑，还会让孩子产生对抗的心理，进而加重焦虑的程度。

孩子有不良情绪其实是很正常的事情，家长只有掌握一定的技巧，接纳并且正确地化解孩子的这些不良情绪，才能保证让孩子健康成长。

偷钱：关注行为背后的真正动机

有些孩子在成长中可能会出现偷钱，并且偷钱之后还撒谎的情况。对于这种行为的发生，很多家长十分担心，因为“小时偷针，大了偷金”。家长很担心孩子因为偷钱产生盗窃心理。其实孩子偷钱的行为是自发的，而不是自觉的。家长解决问题的关键不在于关注偷钱这种行为，而是要关注这个行为背后的原因。因为偷钱远没有很多家长想象的严重，当然也不能掉以轻心，父母要做的就是淡化孩子的行为，找到行为后面没有满足的心理的动机，反思可能是什么原因让孩子有这样的举动，我们能够做些什么来让事情有所改变……

一个一年级的孩子，第一次从家里偷了10元钱，爸爸暴怒之下责打了他一顿，孩子终于承认了错误，同时保证下次再也不敢了。可是第二次，孩子居然又偷了30元，不用说，爸爸又是一顿暴打，孩子再次保证再也没有下次了。可是过了几天，这个孩子没有偷家里的钱，却偷了表姐的100元钱。

他偷钱做什么？原来是自己无法按时完成作业，只能让别的小朋友帮他做作业，目的是让老师不再责罚自己。

很多家长在孩子成长的过程中，常常会遇到这样的问题：“孩子从家里偷钱，该怎样管？”

大多数家长最直接的做法是，不在家里放太多的现金，即使要用，也要把钱收好，想办法不让孩子拿到。这固然能建立一个让孩子不会想到做坏事的环境，但是却不能解决根本问题。

想要做到有效预防，家长可以把夸奖当作“预防针”。

夸奖不仅可以当作事后对孩子的肯定，有时在预防孩子做错事时，可以事先夸奖孩子，用表扬来打预防针，很可能会有意想不到的“疗效”。

演员宋丹丹在儿子巴图小时候的一次发烧中，为了让孩子不怕吃药，就故意对家里的保姆说：“我发现巴图和别的小孩不一样，别的小孩吃药都哭，可他从来不哭，他不怕吃药。这一点他和别的小孩真的不同。”当然，说这些话时孩子必须在场，并听进了耳朵里。然后，宋丹丹把中药端给巴图。巴图捧着碗，烧得红红的小脸一副紧张的表情，但他仍然勇敢地闭上眼睛一口气把药喝了下去。大家都对他赞不绝口。从那次起，吃多苦的药他都不怕了。

为了预防孩子偷钱，家长也可以采用这种方法——事先预防。比如，妈妈可以给孩子讲：“一个朋友昨天告诉妈妈她的孩子偷钱了，这太可怕了，是一件很不好的事，会让做妈妈的很伤心。值得高兴的是，我的宝贝从不偷钱，他用钱时都会通过帮妈妈干活自己挣，妈妈为有这样的好孩子十分自豪。”

通过预防，孩子被家长夸奖“从不偷钱”，在这样一个“好名声”下，孩子会认为偷钱是很坏的行为而不会去做。

如果这些方法效果不大，孩子偷钱的事情终于还是发生了，这个时候，家长最重要的是保持镇静，而不是急于去责打“犯人”。

举例来说，妈妈可以在一家人一起吃饭聊天的时候，若无其事地说：“我觉得我钱包里的钱好像少了，是不是有小偷进来呀？妈妈真担心。”这时，偷钱的孩子就会知道妈妈已经发现了。接着，由于孩子的个性原因，可能会有以下两种不同的反应：一种是偷偷把钱放回去；另一种是对妈妈不严厉的态度感到放心，不肯还钱，甚至会继续再偷。对待不同的反应，妈妈的态度也必须不同。

如果孩子把钱偷偷放回去了，妈妈就可以说："妈妈好像弄错了，前几天说钱少了，其实是我算错了，真对不起。"假装自己没记清楚，给孩子改正错误的机会。

如果孩子又继续偷钱，妈妈可以说："糟糕，我的钱又少了。可能有小偷进来，下次钱再少，我就要去叫警察了，你们说好不好？"这就是妈妈向孩子发出的"不再原谅"的信号。如果想让孩子印象深刻，妈妈还可以对孩子说已经把情况告诉了社区警察，想请他到家里调查。

大致如此施行之后，孩子基本上就不敢再偷钱了。

这些方法，对妈妈而言应该不是难事。值得注意的一点是，家长绝不要对孩子指名怀疑，或者当检察官找出"犯人"，要保护孩子的自尊心，只要让孩子知道家长已经发觉钱不见了的事实，以及自己的处理方式就够了。粗暴地责打，不仅不会让孩子主动改正，还会激发孩子的逆反心理，甚至越偷越厉害。

同时，家长更要把孩子偷钱的原因弄清楚，看到背后隐藏的症结。从症结入手，才能从根本上解决问题。例如本节开头案例中的孩子因为无法按时完成作业，才不得已偷钱让别的孩子帮忙，这时，家长就要从孩子的作业入手，帮助孩子有效地学习，自然而然地，孩子就不会再去偷钱了。

盲目竞争：家庭教育目的性太强

这个故事曾经作为一则网络热帖引起了人们的反思，故事中的小女孩因为每次考试都排在第23名，所以同学们都喊她"23号"。虽然女孩的家长觉得这个外号有点刺耳，但女孩却欣然接受了。

在一次中秋节聚会上，亲友们让孩子们说说将来想做什么，于是有的说想当钢琴家，有的说想做明星，还有的说想当政界要人，甚至连一个四岁半的女孩也说将来要做电视台的主持人。而这个12岁的女孩却认真地回答："长大了，我想做妈妈，穿着印着叮当猫的围裙，在厨房里做晚餐，然后，给我的孩子讲故事，领着他在阳台上看星星。"

女孩的回答让亲友们愕然，不知道该说些什么。女孩的爸爸神情也极为尴尬。

为了提高女孩的学习成绩，家长给她请家教，报辅导班，买各种各样的资料，使女孩就像一只疲惫的小鸟，从一个班赶到另一个班，卷子一沓沓地做，到最后患上了重感冒。家长只好放弃了揠苗助长的活动。

在一次周末的亲子野餐活动中，大家各自做了最拿手的菜，这家孩子唱歌，那家孩子表演小品。可女孩没什么看家本领，只是开心地不停地鼓掌。她不时地跑到后面，照看那些食物，一会儿把倾斜的饭盒摆好，一会儿拧拧松了的瓶盖子，一会儿又擦擦流出的菜汁，忙忙碌碌，就像个细心的小管家。

在野餐的时候发生了一件意外的事。两个小男孩，一个是奥数尖子，另一个是英语高手，同时夹住盘子里的一块糯米饼，谁也不肯放手，更不愿平分。大人们连劝带哄，可是怎么都不管用。最后，还是这个女孩用掷硬币的方法轻松地打破了僵局。

野餐结束后，在回家的路上堵车了，一些孩子焦躁起来。女孩就给大家讲起了笑话，全车人都被逗乐了。女孩还折了许多小动物给孩子们玩，消磨时间，令其他的孩子赞叹不已。

期中考试后，妈妈接到了女孩班主任的电话，首先得知，女孩的成绩仍是中等，但班主任说还有一件奇怪的事想告诉她。

原来，在那次的语文试卷上有一道附加题："你最欣赏班里的哪位同学？请说出理由。"奇怪的是，除了女孩之外，全班同学竟然都写上了女孩的名字。

他们的理由很多:“热心助人、守信用、不爱生气、好相处”等,写得最多的是“乐观、幽默”。班主任说,很多同学建议,由女孩担任班长。班主任感叹道:“您的女儿虽说成绩一般,可为人很优秀啊。”

过后,妈妈开玩笑地对女儿说:“你快要成为英雄了。”女孩听了却歪着头想了想,认真地告诉妈妈:“老师曾讲过一句格言:‘当英雄路过的时候,总要有人坐在路边鼓掌。’”女孩顿了顿,然后轻轻地说,“妈妈,我不想成为英雄,我想成为坐在路边鼓掌的人。”

妈妈的心里猛地一震,默默地打量着女儿,那一刻,她忽然被不想成为英雄的女儿打动了。她想:“是啊,这世间有多少人,年少时渴望成为英雄,最终却成了尘世里的平凡人。如果健康快乐,如果没有违背自己的心意,我们的孩子可以在漫长的岁月里安然地过着自己想要的生活,作为家长,还想为孩子祈求怎样更好的未来呢?”

女孩的想法让人感动,而妈妈的理解与支持更让人动容。

在这个竞争激烈的社会中,很多家长都“望子成龙,望女成凤”,鼓励孩子事事争先,甚至还有的家长会买一些贵重的礼物奖励孩子,盲目地鼓励孩子竞争,却没有让孩子了解竞争的意义,甚至会导致孩子恶性竞争的行为。我在网络上看到了这样一则报道:

一个屡屡得第一名的男孩在一次考试中屈居第二,当班主任在讲台上宣布考试成绩时,意想不到的事情发生了,男孩因为不能接受这个现实,一气之下,竟拔出随身携带的小刀刺伤了那个成绩超过自己的同学,然后扬长而去。

这样的事情让人震惊,但在震惊之余,我们可曾想过是什么扭曲了孩子的心理?“元凶”就是家长不恰当的教育方式,所以家长要对孩子不正确的行为负责。

既然是竞争,就一定会有输赢,所以,家长在鼓励孩子竞争时一定要把握好尺度，不要让孩子把学习看做是一件功利性的事情，使其产生虚荣心，从而陷入盲目竞争的误区。家长要让孩子明白竞争不应该是狭隘和自私的，竞争者应该具有广阔的胸怀。如果家长能做到“考好了不奖励，考坏了不批评”，这种坦然的心态会影响孩子，让他们能正确地看待考试。

在德国的家庭教育中，孩子常常会听到家长说这样一句话：“你并非要得第一不可。”

德国妈妈比较注重为孩子的学习创造良好的条件，但是，她们不希望给孩子很大的压力。她们也很关心孩子的成绩，但不会把分数看得最重要。德国妈妈比较注重从情感上感染孩子，每次都会鼓励他们去做得更好。当孩子成绩不好或是出现不良行为时，德国妈妈会很认真地和孩子探讨原因，而不会用施加压力的方式去对待孩子。一句话，德国妈妈是把孩子置于成绩的上面。

很多家长认为，既然把孩子送到了学校里，那教育孩子自然就是学校的事了。其实不然，在孩子长大成人以前，家长必须在家庭教育上花大力气。一位教授指出：“如果将一个家庭在孩子身上的所有投资以‘1’为计算单位，那么家长就应该将其中的 50% 投资在家庭教育上。因为在孩子成长的过程中，家庭教育才是最重要的。”

在家庭中，家长的言传身教往往会影响孩子的一生。因此，家长更需要在鼓励孩子的竞争意识这件事上保持平和的心态，多用宽容的心来面对孩子的失败与错误。

老子在《道德经》中有言：“夫唯不争，故天下莫能与之争。”这样的境界，更值得家长仔细思索。

心理测试：你和孩子之间存在哪些代沟？

做做下面这个测试，看看自己和孩子存在哪种代沟。

1. 孩子到现在还在花家长的钱吗？

YES → 2

NO → 3

2. 孩子完全不了解一个人的心理成长过程吗？

YES → 4

NO → 5

3. 孩子是一个行为比较幼稚的人吗？

YES → 4

NO → 5

4. 讲冷笑话是孩子擅长的事情吗？

YES → 7

NO → 6

5. 孩子认为吵架不如打架能解决问题吗？

YES → 7

NO → 6

6. 孩子交朋友要顾及对方的家庭状况吗？

YES → 7

NO → 8

7. 相比之下，孩子不愿意与没有自己能力强的人做朋友吗？

YES → 9

NO → 10

8．孩子经常自己躲起来哭吗？

YES → 10

NO → 9

9．孩子很讨厌别人对自己的装扮发表意见吗？

YES → 11

NO → 13

10．孩子时常给家长以“无法理解”的感觉吗？

YES → 13

NO → 14

11．孩子不允许别人在自己不知道的情况下偷看他的日记吗？

YES → 12

NO → 13

12．孩子是一个对隐私话题比较忌讳的人吗？

YES → 17

NO → 14

13．孩子认为比自己年龄小的人就应该接受他的批评吗？

YES → 16

NO → 15

14．孩子认为自己应该无条件听从家长的意见吗？

YES → 15

NO → 18

15．孩子认为有洞的牛仔裤根本就不时尚吗？

YES → 17

NO → 20

16．孩子不会接受比自己小的人的意见吗？

YES → D 型

NO → 17

17. 孩子可以理解比自己年长 5 ~ 10 岁的人的思想或者心理吗?

YES → E 型

NO → B 型

18. 孩子经常对长辈说谎吗?

YES → 19

NO → 20

19. 如果有些事情孩子不希望家长知道，是因为什么?

会被家长严厉的批评→A 型

和家长有关→C 型

20. 如果可以选择年龄，孩子大概希望自己可以比现在:

年长→19

年轻→E 型

测试分析

A 型：叛逆的代沟。孩子不能和家长很“圆滑”地沟通，是因为他们拥有很强的叛逆心理。他们讨厌别人约束自己的言行，因为他们相信自己，有自己的选择，不需要其他人对自己指手画脚。

B 型：彼此不理解的代沟。孩子很敏感，因为怕受伤害，所以不喜欢去理解别人，也不想让别人理解自己。

C 型：长辈架势的代沟。他们希望像成年人一样和家长平等地沟通。他们觉得自己已经长大成人，就不应该被当成小孩子一样看待。他们希望可以像家长一样发表自己的意见，讨论自己的看法。

D 型：不够尊重的代沟。他们希望自己可以成为一个尊重别人同时也被其他人尊重的人。一旦自己的家长做出什么让他们觉得不被尊重的事情，他们就会对家长失去信心。

E 型：几乎没有代沟。性格开朗、随和是这种孩子的特点，这样好性格的他们很善于与不是自己同辈的人交往。

每个孩子在不同时期都会产生不同的负面情绪，有时候这些负面情绪会随着时间而逐渐消失，而有时候，孩子会困在这些负面情绪里无法自拔，甚至影响正常的生活和学习。家长应当重视孩子的心理健康，定期检测孩子的“心情晴雨表”，了解孩子负面情绪的心理根源，并“对症下药”。

第二章

情绪有密码
——解读儿童的负面语言

2

“恋母情结”：离不开妈的孩子怎么办

同事甘女士当妈妈已经7年了，也应该算是个有经验的人了，可仍然还是喊累。

甘女士说：“在家里，儿子眼里只有我这个妈妈，别人他谁也不跟。每天下班一回到家里，儿子就像胶带一样开始黏着我。儿子都上小学了，吃饭还需要我端着碗喂，大便要我擦，睡觉也得我来陪，儿子的每件事都得要我参与，家里其他任何人都不能插手，不然儿子就会闹腾，儿子只给我一个人特殊照顾的权利。”

甘女士儿子的表现就是强烈的依恋情结。甘女士虽然很乐意享受跟孩子在一起的时光，但是长期如此并不利于孩子的身心健康。

从儿童心理发展过程来看，孩子必然会对妈妈有依恋情结，特别是在1～2岁时，孩子对身边特殊人的偏爱表现得尤为强烈，还会把与他朝夕相处的母亲当作保护伞，一旦离开这把保护伞，孩子就会变得异常紧张、恐惧，即出现“儿童分离焦虑”。

跟妈妈分开后的孩子会有什么反应？依恋理论的研究者、心理学家约翰·鲍尔比通过观察把儿童的分离焦虑分为三个阶段：

第一阶段：反抗阶段——号啕大哭，又踢又闹。

第二阶段：失望阶段——仍然断断续续地哭泣，动作的吵闹减少，不理他人，表情迟钝。

第三阶段：超脱阶段——接受外人的照料，开始正常的活动，但是看见母亲时又会出现悲伤的表情。

孩子过分依恋情结的形成有很多种原因，但主要是妈妈对孩子的过度保护。尤其是在孩子婴幼儿时期，初为人母的妈妈总会对别人放心不下，照顾孩子的任何事情都要亲力亲为，几乎与孩子形影不离，孩子缺少跟其他亲人亲密接触的机会，这样在孩子的眼里、心里自然就只有妈妈而没有别人了。

孩子的眼里只有妈妈，不仅会使妈妈很疲惫，更重要的是孩子这样过度依恋妈妈，最终不仅会严重影响孩子的自立能力、独立生活意识的形成和发展，还会减少孩子和父亲等男性接触的机会，不利于孩子尤其是男孩的勇敢、坚毅、果断等阳刚性格的培养，对孩子成年后的情感生活、事业以及婚姻生活都会有负面影响。

家长要改变孩子的这种“情结”，最主要的办法就是家庭成员协商一致，刻意在一段时间内减少母子相处的时间，由父亲或其他亲人多承担一些教养责任，让孩子意识里的亲人圈更为广阔。父亲在和孩子单独相处的阶段应该尽可能多地和孩子玩一些刺激、精彩、益智的互动游戏，给孩子更多的刺激感和新鲜感，孩子就会渐渐“忘掉”妈妈，并感受到没有妈妈也一样很快乐。

如果由于种种原因，孩子只能由妈妈带，妈妈也应该让孩子和更多的人在一起，孩子在公众场合和其他的小朋友玩耍会带给他前所未有的快乐，也会慢慢分散他对妈妈的依恋。

孩子到了上幼儿园的年龄，一定要坚持送孩子去幼儿园，幼儿园的氛围会培养他集体生活的意识，和更多的孩子在一起会分散他的注意力，对孩子来说，幼儿园是一个完全陌生的世界，在这里孩子学会与陌生人接触，这样他就会逐渐减少对妈妈的依恋，也会很顺畅地和家里其他的亲人接触。无论孩子的依恋情结程度如何，家长最主要的就是做到坚持和果断，哭是小孩的专利，绝不能因为孩子的哭闹而心软，否则只会助长孩子的依恋意识，在孩子的眼里，哭能解决问题，下次可能还会这样做。

家长要有意识地扭转孩子对妈妈的过度依恋，从某种程度上说，“狠心”的妈妈更能成就一个坚强的孩子。

偏执其实是一种很不健康的心理状态

苏联有一位著名教育学家曾说过："家长对子女爱得不够，子女就会感到痛苦，但是溺爱却会使子女遭到毁灭。"这句话道出了孩子偏执的根源——家长的溺爱。

家长溺爱孩子是当今社会普遍存在的现象。在生活中，经常可以听到家长说这样的话："我们小时候的日子过得太苦，不能让孩子过我们那样的日子了"或者"现在条件这么好，又只有一个孩子，哪有那么多苦让孩子吃啊？"很多家长抱着这种想法，尽其所能地从各方面满足孩子，很多事情本该由孩子自己完成，可是家长也代劳了。家长尽力把孩子的生活道路铺得平坦、通畅，似乎这样就能保证孩子的光明未来。其实，家长的这种观念以及做法会给孩子带来很大的危害。

凡事以孩子为中心，对孩子百依百顺，无限制地溺爱孩子，而忽略了传授给孩子理解和爱护他人的道理，这样的教育方式会使孩子陷入以自我为中心、只为自己考虑的心理怪圈中，使孩子渐渐变成一个自私、狭隘的人，而这种自私、狭隘往往会导致孩子慢慢走向偏执。

读四年级的鹏飞的妈妈很生气，她说老师对自己的孩子不好，总是批评自己的孩子。原来，鹏飞因为早产，腿部落下了一些残疾，家里人对鹏飞从小就特别宠爱，因为怕发生什么危险，家人从来不让鹏飞和别的孩子玩，每次出去的时候家人都带着他。但是上学后，鹏飞经常回家向家人哭诉说同学欺负他、老师骂他。为此家人没少去学校，希望老师可以公平对待孩子。鹏飞的妈妈还认为，儿子什么错都没有，是学校和老师的错。

谈起鹏飞，老师们都很头疼。鹏飞原来的班主任说，因为鹏飞身体情况有些特殊，所以老师和同学们对他都十分照顾，可鹏飞却因此养成了唯我独尊的性格。在班上，他一个人占着4个同学的位置，如果哪个同学惹他不高兴，他上手就打；上课提问的时候，如果鹏飞举手但是老师没叫他回答问题，他就会直接指着老师说："你不是好老师。"鹏飞班上的同学也说："我们都不敢和他一起玩，因为他一不高兴就打骂我们。"鹏飞无疑是因为母亲以及家人的溺爱而形成了偏执的性格，如果这样发展下去，会严重影响其健康成长。

家长对孩子的溺爱仅仅是一种替代和补偿，完全不是对孩子真正的爱。溺爱只会让孩子偏执、自以为是，为了遏制孩子形成不良的心理，作为家长，应该改变一下对孩子的教育方式。

1. 要学会对孩子说"不"

家长要想改掉溺爱孩子的习惯，就要懂得凡事给孩子定出一个界限，让孩子能够接受你说"不"。假如你的孩子已经有了10辆玩具车，但是他还想让你再给他买1辆，或者在孩子临睡前，你已经讲完了4个故事，但是他还要求你再讲1个，此时你应该说"不"。

有时候在一些特殊的场景里会让家长觉得很难拒绝孩子的要求，比如在超市里，孩子非要买某件东西，其他顾客的眼睛都看着你。这时，你一定要坚持告诉孩子，如果他再这样，下次就不要出来了。如果孩子依然闹个不停，你下次无论如何都不要带孩子一起去买东西。只有这样，才能在孩子面前树立威信。

家长不要害怕对孩子说了"不"字他会生气，孩子毕竟是孩子，他的生气不过是一时兴起。

2. 要让孩子学会独立

你是孩子的家长，并不是家庭保姆，没有必要时刻陪在孩子的身边，你完全可以让他独自玩一会儿。不要一味地帮孩子完成他自己能够做的事情，如果没有你的帮助，孩子可能会做得很好。小事上的成功容易让孩子获得成就感，变得更加坚强和自信。即便是失败了，孩子也能从中学到如何面对挫折。

3. 要正确表扬和批评孩子

每个孩子都喜欢受到表扬，但是家长在表扬孩子的时候应该遵守一条规则：不能太少，也不能太多。如果你的孩子已经能够熟练计算某些题，那么你就不必在他每次完成计算的时候都给予表扬，而应该只是在他做出一种新类型的题时表扬他。批评亦如此，适当的批评教育能让孩子心中的天平平衡，这样孩子才不会自负，更不会走向偏执。

杞人忧天：孩子的心思你怎么猜

早晨，小女孩冰冰醒了，但还赖在床上胡思乱想。

过了一会儿，她突然冒出一句：“妈妈，你什么时候老死啊？”

“嗯？什么？”冰冰的妈妈大吃一惊：“你想要妈妈老死是吗？”

“不是，我就是这样问一下，为什么人都要死呢？”

冰冰的妈妈回答：“50 年后吧。”

冰冰听到妈妈的回答后，又反问了一句：“那个时候我长大了没有？”

“你也快 55 岁了，不是吗？”

“哦！”冰冰似乎满意了。

冰冰的妈妈追问了一句：“你是不是怕妈妈老死了你还没长大？”

“嗯。”原来冰冰怕妈妈太早离开自己，而自己又不想离开妈妈。

像冰冰这样的孩子，由于对某种生命现象的未知产生了一些疑惑，进而产生了杞人忧天的想法。孩子的杞人忧天有时候是因为缺乏安全感，有时候是对未知世界充满迷惑造成的，家长应该根据不同的情况，找出具体的解决方案。

当然，不是所有的杞人忧天都像冰冰的这么简单。

蔡女士的女儿小茹今年9岁，大脑里经常冒出稀奇古怪的想法，比如“时间过得真快，人一转眼就白发苍苍，唉！真是太可怕了”。小茹说这些话的时候不是天真地说着玩，而是皱着眉头发愁地说。她还经常表现出忧心忡忡、多愁善感的样子，担心一些原本不该自己担心的事。因为总是这样，小茹不再像其他这个年龄段的孩子一样天真、活泼。蔡女士很担心女儿的心理健康，希望能找到一些方法来解决小茹的这个问题。

其实小茹的问题在很多孩子身上都发生过，特别是在少儿时期。此时孩子对一些诸如自然、生死、灾难等现象没有一个正确的理解和认知，所以比较容易杞人忧天、胡思乱想。如果孩子有这样的想法，说明他们虽然长大了，但是心智的发展并未同步。

对此，家长要教孩子坦然地面对生死，用孩子可以理解的知识告诉他生命的过程以及自然界的规律。家长也可以在这个时候教育孩子珍惜生命、家人，敬畏自然，最好能用现实生活中发生的事情来教育自己的孩子。

人的生死以及各种自然现象都是孩子生命中需要明白的问题，家长应该采用孩子可以理解的方式帮助他们了解这些知识，及时给予解答，不能让他们疑惑，否则孩子很可能会杞人忧天，进而产生更严重的思想负担，这样对于孩子的成长是不利的。

情绪失控：别人的话他为何听不进

家住天津的一对母女周末一起到大型超市购物后准备回家，在选择乘坐免费班车还是打的的问题上，母女二人起了争议。女儿见母亲不能满足自己打的的要求，一气之下竟然直接走到大桥的中央企图跳河……

当孩子产生过激行为的时候，很多家长会片面地对孩子进行“教训”，根本不顾孩子的心理感受。最终不但不能遏制孩子的过激行为，反而会让孩子更加偏执。

其实，当孩子有过激行为时，家长最应该做的是先原谅孩子的这种行为，然后找到孩子的发光点予以赞美，即便你的孩子已经“坏”得不可救药，你也要暂时压住火气，努力找到孩子的优点，然后进行赞美，让孩子的心理平衡，这样才能让孩子的心绪安定。此外，家长可以通过以下方法纠正孩子的过激行为。

第一，家长要多与孩子进行思想交流，减少对孩子的猜疑。孩子猜疑心理产生的根源是对他人和事物片面的认识，如果家长与孩子缺乏沟通，就会导致孩子的猜疑心理进一步膨胀，隔阂心理加重，势必会导致孩子的过激行为再次发生。所以，当你的孩子无缘无故乱摔东西时，你可以和孩子面对面地坐下，用简单的开场白，比如“最近是不是有什么不开心的事情，可以讲给妈妈听吗”开始与之交谈。当然说这些话的时候，态度一定要真诚，这样才能消除孩子心中的疑虑。

第二，面对孩子的过激行为，家长应适当地做一下自我检讨。偏执的孩子做出过激行为通常具有突发性，没有任何征兆，有可能是孩子心理长期被压抑的结果。作为家长，当孩子突然做出过激行为的时候，应适当检讨一下自己的过失，这样可以让孩子明白，你并没有因为他的过激行为而生气，你还是很关心他的，这样孩子会有安全感。

第三，孩子做出过激行为后，家长应该努力改变自己的教育方式，不要一味地溺爱孩子或者给孩子施加太大的压力。溺爱孩子会让孩子形成“以自我为中心”的意识，而压力会让孩子变得焦躁不安，这些都是造成孩子偏执的罪魁祸首，而偏执更是导致过激行为的主要因素。因此，家长在教育孩子的方式上应该张弛有度，只有让孩子轻松地学习和生活，才能降低过激行为发生的可能性。

第四，拉近家长和孩子之间的关系，巩固家长和孩子之间的感情。家长应该多花一些时间观察孩子，了解孩子，给孩子一些表达心情的机会，听他谈谈理想，然后在合适的时机给予其鼓励与支持。这样不仅可以缓解孩子心中的焦虑，对消除过激行为也是很有好处的。

在日常生活中，如果孩子的行为还谈不上过激，只是容易发脾气、愤怒，那么这个时候家长应当怎么做呢?

愤怒如果长期在体内堆积，就会导致孩子失去理智、注意力不集中，甚至因此患上一些疾病。所以，不论孩子为何事、因何人生气，都需要让他们知道如何将愤怒、不满从心中释放出去。

当孩子因为某件事情愤怒时，你可以教孩子写下一些反击的话语。最简单的方法就是让孩子在便笺上写下只有自己可以看到的话，也可以在浴室的窗台上或一些能够暂时独处的地方写下这类话语。家长应该告诉孩子，反正没有别人看到他写的内容，所以他可以尽情表达自己的愤怒。需要注意的是，当孩子愤怒地写下一些咒骂、自己看着都觉得过分的话时，家长就要告诉孩子处理这些纸条的最好方法是撕掉它们。

如果这还不能让孩子解气，家长还可以尝试进行亲子练习。孩子和妈妈或者爸爸背靠背坐着，妈妈或者爸爸不要打扰孩子，让孩子尽情倾诉3分钟，父母只需以“嗯、嗯”附和就可以了。3分钟后，父母再开始说话。这样双方轮流着说话，直到大家把想要表达的全部说完为止。

还有一种简单可行的方法就是投掷目标。家长可以在孩子卧室的墙上挂一个投掷板，当孩子很愤怒的时候，可以通过这个投掷板将体内的愤怒释放出来。进行这样的练习，可以让孩子的感情变得更加丰富，有利于培养孩子乐观的情绪。

总之，当孩子向家长倾诉自己的愤怒之情时，家长千万不要做“裁判”，尤其是当孩子的愤怒指向家长本人时。以上发泄怒气的做法是有益处的，会使被压抑在心底的一些负面情绪释放出来，使身体和心理都受益，并且不会伤害其他人。但是如果不抒发这种情绪，那么孩子极有可能因此对世界充满绝望，进而产生悲观的心理。因此，正确地帮助孩子化解愤怒是很重要的。

自负：膨胀的“优越感”

小雪是个聪明伶俐、讨人喜欢的女孩。她的爸爸是一家大公司的经理，妈妈是一名医生，小雪从小就生活在一个条件优越的环境中。在家里，她要什么有什么，是爸爸妈妈的掌上明珠；在学校里，她成绩优秀，是老师眼中的“尖子生”；在同学当中，由于她长得漂亮，大家给她起了个响亮的外号——“白雪公主”。

良好的家庭环境，父母的疼爱，老师和同学们的赞誉，再加上自己的天赋，渐渐地使小雪产生了一种飘飘然的感觉，而且这种感觉一天比一天强烈——我就是比别人优秀。小雪的爸爸妈妈也经常在别人面前夸奖自己的女儿，为有这样一个聪明、美丽的女儿而自豪。所有这些都助长了小雪自满和自傲的个性。

渐渐地，小雪变了。在家里，她只要稍稍不顺心就对父母发脾气。在学校里，小雪更爱表现和炫耀自己，取得好成绩就自鸣得意、沾沾自喜。在生活中，她总是拿自己的长处同别人的短处相比，认为自己处处高人一等，总是看不起别人。

自负的孩子总认为只有自己是最好的、最棒的，别人则一无是处。他们大多都有很强的自尊心，无论做什么事都不希望或不愿意别人在自己之上，对别人的成功十分嫉妒，对别人的失败则幸灾乐祸，不向别人提供任何帮助。同时，在别人成功的时候，这种孩子常用“酸葡萄心理”来维持自己的心理平衡。那些狂妄自大、自命不凡的孩子往往就像夜行军一样，总是试图使灯塔改变方向，最后的结果会是十分危险的。所以，为了孩子健康地成长，家长一定要纠正孩子自负的不良性格。

如今，家长都很重视孩子的全面教育，从小开始，孩子就“被参加”各种兴趣班，学习音乐、绘画、体育等，常有一些孩子小小年纪就有一技之长，亲友们对其也是不吝赞美，时间一久，孩子难免渐渐地自满起来，总是瞧不起别人。最后，在小朋友中间也不合群，甚至对长辈也傲慢无礼。

这些孩子身上的缺点多半是家长教育方式不当引起的，孩子无论是自理能力差还是意志软弱、自负心理严重，多半都是家长过分溺爱、骄纵孩子导致的。所以，家长一定要理智地、科学地爱孩子，让孩子多一些接触社会的机会。当他们看到外面纷繁复杂的世界，认识到“强中还有强中手”，并接触到比自己更优秀、更具专长的人时，就不会为自己的一点点小成绩而自负了。

纠正孩子们因优越感而造成的自负心理，苏格拉底很有办法。

有一天，苏格拉底的弟子聚在一块儿聊天，一位出身富有的学生当着所有同学的面夸耀他家在雅典附近拥有一片很大的田地。当他吹嘘完的时候，一直站在旁边不动声色的苏格拉底拿出一张地图说："麻烦你指给我看亚细亚在哪里。"

"这一大片全是。"学生指着地图得意扬扬地说。

"很好！那么，希腊在哪里？"苏格拉底又问。

学生好不容易才在地图上找出一小块来，但和亚细亚相比，那实在是太微小了。

"雅典在哪儿？"苏格拉底又问。

"雅典，就更小了，好像是在这儿。"学生指着一个点小声说。

最后，苏格拉底看着他说："现在，请你指给我看，你家那块广阔的田地在哪里呢？"

学生满头大汗地找，但他家的田地在地图上连一丝影子也没有。他很尴尬地回答道："对不起老师，我错了。"

孩子有自负心理对其成长是极其不利的，家长应帮助孩子正确地认识自己，克服自负的毛病。下面是具体的方法：

1. 帮助孩子正确地认识自我

孩子的自我认识会受到成人评价的极大影响，这就要求家长在进行评价时要客观、全面，不仅要看到孩子的优点，更要指出其缺点，万万不可忽视、缩小甚至帮助其掩盖缺点，对优点的表扬要适度。

2. 指导孩子学会欣赏他人，培养良好的品质

家长应指导孩子学会欣赏他人，以促使其树立良好的自我形象。学会欣赏他人才不会自视甚高。对孩子来说，学会欣赏他人并非易事，这需要他们在日常生活中多加注意，从点滴做起，家长要帮助他们慢慢地克服自负心理，比如学会宽容，学会倾听，尊重与理解他人，学会关心、爱护他人等，这些都有助于孩子摆脱自以为是的心理。

怯懦的孩子，你到底在怕什么

性格怯懦不是天生的，古语有云“初生牛犊不怕虎”。其实，一个孩子在儿时是无所畏惧的，因为他根本不知道应该害怕什么。怯懦不是先天的，往往是受后天环境影响而形成的。有的人认为恐惧、害怕都是人的天性，实际上这是人在成长中学来的自动反应，是多年来受周围环境的耳濡目染而形成的心理。恐惧心理的形成不仅来自外部影响，还来源于内心，是一种心理反应。人们自身也给予了恐惧力量，以致恐惧控制了他们。心理学专家曾经提出过这样一个观点：人内心的感觉是改变人生的重要力量。一个人内心充满恐惧必定会裹足不前，甚至后退。所以在孩子逐渐长大时，家长应特别注意对其性格的培养。

我在网络上看到这样一则故事：

从前有一只小刺猬非常胆小，它整天跟在妈妈的身后，不愿意离开。有一天，刺猬妈妈生病了，不能出门找吃的，就让小刺猬出去找一些野果回来。小刺猬非常害怕，但也没有办法，只好独自走出了家门。

在森林里，小刺猬心惊胆战，总感觉四处危机重重。突然一个毛茸茸的东西在树枝上动了一下，小刺猬吓得不由地大叫起来：“老虎来了，妈妈快来呀！”转身就想跑。

这时那个东西笑了起来，说：“别怕，我是金丝猴，不是老虎。”

小刺猬仔细一看果然不是老虎，不由得为自己的胆小而脸红。

小刺猬继续往前走，没走多远，树丛中真跳出了一只老虎。老虎张开血盆大口，要吃小刺猬，小刺猬吓得连忙缩成了一团。老虎一看，小刺猬浑身是刺，如果要吃这个带刺的“大皮球”，自己的嘴巴和舌头非被扎穿不可。于是老虎原地坐下，打起了瞌睡。

一看老虎这架势，小刺猬心里着急了，妈妈还在家里等着它回去呢。没办法，小刺猬只好壮了壮胆，从老虎屁股边上滚了过去，却不小心刺醒了老虎。老虎大怒，但小刺猬浑身是刺，它也无可奈何，最终只得灰溜溜地走了。

后来，小刺猬采了很多果子回家，并把路上的经历告诉了妈妈。妈妈高兴地说：“孩子，你真勇敢，你能打败老虎了。”小刺猬擦了擦头上的汗，心有余悸地说：“我开始很害怕，后来发现其实老虎根本不能把我怎么样，胆子就大了起来。”

小刺猬的胆子从此变大了，成为一只勇敢的刺猬。

每个人在成长的过程中都有害怕的事情。胆小怕事性格的养成往往都有一个过程，家长在发现孩子的怯懦性格后应该找出是什么原因造成了孩子怯懦的性格，是什么让孩子感到害怕。

其实孩子性格的形成很多时候都受到家庭的影响，怯懦性格的形成常常与家长关系密切。孩子从小生活在家长的庇护下，很多事情都是由家长“代劳”，比如吃饭、穿衣和日常起居等方面的事情很多家长总是过多地“包办”，导致孩子缺乏独立能力和自主能力。就像故事里面的小刺猬一样，对家长有太多的依赖心理。

一旦孩子形成了依赖的心理，往往会养成懒惰的习惯，不愿意动手，这时的孩子已经从最初的“不会”发展到“不愿”。“不愿”会导致孩子依赖的习惯，依赖的习惯一旦形成势必会阻碍孩子的成长，他们在依赖中渐渐地丧失自己的本领和胆识，变得畏首畏尾，这时他们又从“不愿”变成“不敢”，形成了胆怯的心理。

让孩子勇敢起来，就要从小事做起，逐步让孩子学会自立。孩子常常与家长相处，所以家长首先应该做好榜样，让孩子做一些力所能及的事情。勇敢果断的精神不是一时半会儿可以培养出来的，家长要有足够的耐心，最重要的是家长对孩子有潜移默化的影响，所以需要每位家长都要做勇敢的表率，让孩子在不知不觉中形成勇敢的性格。

另外，恐惧心理也是造成孩子怯懦的根本原因，当孩子产生恐惧时，应该找出其害怕的原因，知道他为什么害怕。很多时候，孩子的恐惧源于家长，比如因为学习成绩不好或者学习任务没有完成，受到家长的责备，甚至打骂，让孩子心里常常为此而担心。如果家长对孩子过分严厉和苛刻，甚至打骂孩子，往往会造成其怯懦心理和畸形性格的形成。记住，只有了解孩子的心思，并理解他们，才能真正地教育好孩子。

同时，家长应该注意，当你让孩子做某些事时，最好不要吓唬他们，不要让困难的阴影过早地覆盖孩子脆弱的心灵。

找到孩子怯懦性格产生的根源，就应当改变自己的教育方式，把孩子培养成勇敢的人。培养孩子勇敢的性格，首先在于树立他们不屈服于命运、不服输的精神，让孩子敢于在生活中做各种尝试。

美国康奈尔大学的威克教授做过一个实验：他把一只瓶子放倒在桌上，底部向着光亮，瓶口敞开指向黑暗，然后在瓶中放入几只蜜蜂，只见它们不断地朝着瓶底飞去，因为那里有光亮，结果它们一只只都撞在瓶壁上。最后，蜜蜂试过几次发现自己依然无法从瓶底飞出时，只好认命，便都停在了有光亮的瓶底儿。威克教授把蜜蜂换成了苍蝇，没过多久，它们全部从瓶口飞了出来。教授发现苍蝇在找出路的过程中，一旦发现此路不通，便立即改变方向，尝试走新的道路，最后终于找到瓶口飞了出来。

培养孩子勇敢的性格，就不能让孩子做“跟班”“随从”，树立领先意识，勇于争锋才是勇敢者的表现。

法国科学家法伯曾经做过一个实验：他在花盆边缘摆放了一圈毛毛虫，这些毛毛虫都首尾相连地紧挨着，而在离花盆 1 米的地方有毛毛虫喜欢吃的松针。然而 7 天之后，那些虫子全部饿死了，因为它们天生有一种“跟随者”的习性，不停地绕着花盆边缘走，一只跟着一只固执地兜着圈子。只要其中有一只毛毛虫爬出圈子，尝试新道路，就将改变它们的命运，最终获得食物。

勇于尝试，就是要让孩子不做他人的跟随者，拥有自己的想法，勇敢地去接触和创造新的东西。

悲观情绪：孩子缺少积极的心理暗示

美国有一位记者名字叫作伊尔布拉格，他是美国历史上第一位获得普利策奖的记者，而且是在还没有消除种族歧视之前得的奖。他凭借着积极的生活态度和不懈的努力，跨越自己是黑人的心理障碍，获得了整个社会的认可。

伊尔布拉格小时候一直很悲观，再加上身边的白人孩子常常无端地欺辱他，因而他的内心总是封闭的，但是，后来的两次经历改变了他。

有一天，父亲带着他去参观凡·高的故居。在伊尔布拉格的心里，凡·高一定生活在非常富裕的家庭中，但是当看到凡·高生前坐过的木质板凳和穿过的破旧皮鞋时，他惊呆了，他无法想象一位举世瞩目的天才就是在这样的条件下成长起来的。伊尔布拉格问父亲：“爸爸，凡·高不是一位身价百万的富翁吗？”爸爸微笑着望着他说：“不是的，凡·高很穷，比平常人还要穷苦，他甚至连娶妻子的钱都没有。”

后来伊尔布拉格和爸爸又去参观安徒生的故居。伊尔布拉格很喜欢安徒生的童话，在他的想象中，安徒生一定也像童话故事里的王子一样生活着。完全出乎伊尔布拉格意料的是，安徒生的房屋很简单，普通得不能再普通了，而且客观地说，从他的屋子里看不到任何浪漫的气息，安徒生也只是一个鞋匠的儿子，他生活得十分清贫，只住在一个小小的阁楼里。

这难得的经历让伊尔布拉格改变了从前的想法，他不再觉得自己的黑皮肤很刺眼，更不会认为自己的地位卑微，从前在他眼里的缺点如今都变成了奋斗的动力。后来他成功了，他对别人说："是凡·高和安徒生告诉我，上帝没有贬低我的意思，只要我愿意，我可以把生活变成自己喜欢的样子。"

随着年龄的增长，孩子对社会的认知越来越多，想法也变多了。有一些孩子会变得悲观，他们往往看不到自己的优点，片面地扩大自己的劣势，从而对自己的前途充满忧虑。对此，家长要教会孩子全面看问题并正视自己，只有这样才能乐观地面对生活，朝着梦想的方向不断前行，将很多看似悲观的现状转化为乐观的未来。

孩子看待问题往往很片面，他们可以找到很多因素作为自己失败和不幸的理由，许多孩子因为自己的某些条件较差，就消极地对自己全盘否定。家长常常没有意识到，消极避世的情绪正在慢慢地俘虏自己的孩子，本应该属于孩子的快乐和成就化为了泡影，孩子很可能就这样被自己的悲观情绪打败。

心理学上的"罗森塔尔效应"告诉我们，其实，每个孩子都能成才，但这种可能的实现往往取决于身边的人能不能像对待天才那样去期望、珍惜这个孩子。简单地说，家长期望孩子成为一个怎样的人，孩子就可能成为一个怎样的人，关键是你能否给予孩子正确的心理暗示。

赵达的儿子小桐3岁多的时候，赵达一家仍住在筒子楼里，孩子每天与邻居们在一起的时间比较多。邻居们都很喜欢小桐，经常跟他玩，有时还逗小桐，问他将来想干什么。那时候小桐果断地说：

“将来我要当警察。”邻居们却说：“小桐这么聪明，长大要当博士才好。”此后小桐每次看到电视里有“授予博士学位”的镜头时，就会好奇地问爸爸妈妈那是怎么回事。通常赵达夫妇都会告诉他，这就是“博士”，头上戴的那顶帽子象征着博士的地位和学识。小桐在似懂非懂的情况下，渐渐地对“博士”产生了向往，并研究起博士帽来了。

有一次，小桐拿起经常坐的一个小板凳，把它放在头上，高兴地冲着赵达喊：“爸爸，你看我像博士吗？”赵达跑过去一看，还挺像的，于是迅速拿来照相机按动快门，拍下了这张让小桐难忘的照片。赵达还告诉小桐：“如果你足够努力的话，将来也许能成为真正的博士，戴上真的‘博士帽’，那个时候，大家都会为你开心的。”

从那以后，小桐连走路的姿势也渐渐变得斯文起来，仿佛自己真当上了博士。在赵达积极的心理暗示下，小桐怀揣着自己的梦想读书，十几年后，终于如愿以偿地成为著名大学的博士。

在很小的时候，大多数孩子都相信自己能够成就一切可能。如果此时家长给予孩子积极、正面的心理暗示，那么孩子就有可能真的成为自己想成为的那个人。萧伯纳在自己 90 岁寿辰时说过：“要记住，我们的行为不是受经验的影响，而是受期待的影响。”

家长对孩子的期待与评价其实就是一种心理暗示，这种心理暗示一般会在言语及日常生活中有意无意地表露出来。家长积极、正面的心理暗示会使孩子感受到爱与支持，从而朝气蓬勃；相反地，负面、消极的心理暗示会使孩子失去信心与发展机会。因此，作为家长，要想让你的孩子成为出类拔萃的人，积极的心理暗示必不可少。

心理学研究证明，其实每个人都有一定的悲观心理，只是大部分人的悲观心理没有严重到影响自己的正常生活的程度。悲观是心理疾病的一种，悲观的孩子无法正确地认识自己，看不到自己的优势，从而影响了能力的发挥，甚至可能发展为自闭。

大多数人都有着这样或那样的缺点，人要学会扬长避短，充分发挥自己的长处，并及时弥补自己的缺陷。如果抓住自己的缺点不放，认为自己不如别人，觉得这个世界是不公平的，那么只能让自己的生活更加暗淡无光。所以，家长要在孩子心中注满自信，让信念成为他们人生旅途中的一颗明珠。这样一来，不论是阳光普照的日子，还是阴雨绵绵的季节，都能让自信的光芒照亮孩子的心情。

爱慕虚荣：孩子的价值观为何脱轨

虚荣的心理要不得，大人要不得，孩子更不能有。虚荣是一种不良的品质，是一种被扭曲的自尊心。过分的虚荣会把孩子困在“面子”的围城里，使孩子不能展示自己的能力；但是恰到好处的“上进心”不仅可以令孩子更光彩照人，也能让他们身心更愉快，充满自信。

作为父母，应该正确地对待孩子的虚荣心。

莫泊桑的作品《项链》中的玛蒂尔德几乎在每个人的心中都留有深刻的印象，因为玛蒂尔德丢失了她借的项链，致使她后半生一直被债务所累。而这一切的罪魁祸首就是她的虚荣心。

因为玛蒂尔德爱慕虚荣，所以整天为贫穷的现实而苦恼。“住宅的寒冷、墙壁的暗淡、家具的破旧、衣料的粗陋，都使她苦恼。”正是由于玛蒂尔德爱慕虚荣，所以整天想入非非，梦想有“幽静的厅堂”“宽敞的客厅”“精美的晚餐”和“亮晶晶的银器”。冰冷的现实与狂热的梦想之间的巨大反差，驱使她拼命地追求上流生活。教育部部长的请柬，给她带来了实现梦想的机会，于是她迫使丈夫忍痛花费400法郎为自己买服饰，并亲自找佛莱思节夫人借项链，以满足自己的虚荣心，最终导致了悲剧的发生。她在舞会后丢失项链不是偶然的事，而是她虚荣心作怪的必然结果。

在现实生活中，有些孩子也常常像玛蒂尔德一样有虚荣心，新鲜的事物总能吸引他们的注意力，别的孩子穿了一件新衣服，自己也一定要买更漂亮的；别人穿了一双新鞋，孩子一定会把自己的脚伸过去让小伙伴比比看。

现在的生活条件越来越好了，孩子常常炫耀自己的家里有高档手机、高档平板电脑和最新款的电冰箱；有时候就算出去旅游，回来后也要炫耀一番。

有的孩子还认为自己什么都会，常常以“神童”自居。不知道家长有没有发现，孩子常说：“这有什么呀？我会的可多了，我还会算术呢，几千加几千都会。”平常家长只是报以微笑，甚至认为自己的孩子真的很聪明。但是你可知道孩子这种爱听表扬，受不了别人的批评，只能赢不能输的表现，很多时候就是虚荣心在作怪。如果孩子得不到表扬或重视，就会大哭大闹，失去心理平衡。

试问，为什么孩子会有虚荣心呢？

究其根源，主要原因是孩子自我认识能力比较差，不能客观地评价自己。在儿童和青少年时期，很多孩子在日益富裕的生活条件里常常会迷失自我，往往会过高地评价自己，以为自己什么都比别人要强得多，这是孩子在自我意识发展过程中常见的现象。

现在，很多家长都把孩子视若珍宝。因为生活富裕，家长总是习惯性地满足孩子提出的各种无理要求。当孩子们把精力都放在追求物质享受上时，价值观就产生了偏差。我的建议是，家长应该在平时注重孩子的素质教育，帮助孩子树立正确的人生观和价值观，避免孩子成为第二个“玛蒂尔德”。

其实孩子希望获得他人的认可是一种正常心理，然而有时候他们在获得了一定的认可后总是希望获得更多的认可。如果把握不好尺度，他们就常常会掉进爱慕虚荣的牢笼里。这样孩子怎么能健康、快乐地成长呢？

如果你的孩子渴望他人的赞许，那么，适当的认可会让他感到幸福、快乐。但是，如果孩子深陷这种无法摆脱的虚荣，一旦没有得到别人的赞许，就会感到空虚。这时，他还会正确地看待周围的事物吗？你敢保证自己的孩子有足够的勇气去面对现实吗？

当孩子把别人的赞美和赞扬当成了一种“必需”时，那么，他就把自己的一大部分交给了“外人”。在虚荣心的驱使下，为得到他人的认可，就会随意听从周围人的任何主张。

孩子不是虚荣的俘虏，他不应该活在虚荣的世界里。家长应帮助孩子树立正确的价值观，不要让他在虚荣心的驱使下丧失了自我。

叛逆不羁：被宠坏了的“小大人”

年仅 13 岁的英国女孩玛丽早已经有过男朋友，尝试过自杀、离家出走等过激行为，并且每次离家出走都长达好几天的时间。玛丽并非出生在充满暴力和低教育水平的家庭，相反，玛丽的家长都非常爱她，而且家长都受过良好的教育，给予了孩子太多的自由，对玛丽的任何要求都满足，对她的行为更是十分包容与理解。不料，家长的这种做法却让孩子更加叛逆。

溺爱孩子的家长一般会有这样的想法：“我要我的孩子永远生活得开心”，而孩子毕竟年龄小，他们不具备成年人的心理素质和责任感，因此，在这种氛围下的孩子会认为“当我不高兴、感到沮丧的时候，必须要有人逗我开心”；当家长说“我让我的孩子生活得更有激情、更有价值”时，孩子会理解为“没意思的事情、没有回报的事情我是不会做的”。

家长的溺爱其实并不是爱孩子，而是将孩子推向叛逆、任性、自私的推动力。

溺爱往往会使孩子出现性格上的缺陷：如情绪反常，无端哭闹；爱发脾气，蛮不讲理，性格孤僻、冷漠，缺乏同情心，和小伙伴的关系不好。

还有不少家长对目前流行甚热的“早期教育”有误解，给予了孩子过早的教育。许多家长“望子成龙、望女成凤”心切，自觉或不自觉地给孩子施加压力，让孩子小小年纪就要学英语，学绘画，还要背诵唐诗，学弹钢琴等，这会使孩子压力太大，从而对学习产生厌恶的情绪。“硬塞”式的教育会抹杀孩子的个性，让孩子过早地产生逆反心理。

很多家长可能都会有这种感觉，自己原本乖巧的孩子一到十几岁的时候就开始“犯拧”了。家长无论说什么话他们都不爱听，什么事情都和家长对着干。只是有的孩子消极抵抗，有的孩子则和家长正面冲突。

孩子在成长的过程中，逐渐认识周围的事物，生理、心理都会发生变化。他们的自我意识不断加强，时刻想引起别人的注意，甚至为了引人注目做出一些过激的行为。

同事的女儿小清是小学六年级的学生。她一直是妈妈眼中的乖女儿，但后来的小清就像一只小刺猬。尤其是在小学升初中的暑假，她很少和家长说话，每天不是把自己闷在屋子里写作业，就是上网和朋友聊天。一次，小清的妈妈想和她谈一下，谁知道还没说几句话，小清就对妈妈说：“我不想说了，你们愿意怎么想就怎么想吧。”之后她又把自己反锁在屋子里。这次谈话以后，她们母女的关系就更加恶化了，一旦事情不合小清的心意，她就会大肆抱怨一番。小清的妈妈实在不理解女儿怎么会变得如此暴躁。

人的心理特点会随着不同阶段的生长发育产生变化，步入青春期正是孩子由少年到青年的过渡阶段，这个阶段孩子的情感起伏大，他们的喜怒哀乐不会向家长透露，还常常伴有严重的逆反心理，有许多家长为此深感头痛。如果对孩子这一时期的情绪处理不当，就会使孩子的反抗情绪越来越严重。

家长应该知道，孩子的“犯拧”是叛逆行为，很正常。但这种过激的逆反心理不利于孩子的身心健康，需要家长用正确的方式处理。家长处理问题的态度对孩子以后的成长有至关重要的影响。

一般来说，逆反心理的出现主要有两个原因：一方面是家长给予孩子过度的爱；另一方面是家长的教育方式太过死板和严肃，对孩子期望太高，使孩子产生强烈的反抗情绪。

虽然孩子在教育中处于被动地位，但当他们不接受教育时，家长的教育就不会起到任何作用。在这种情况下，家长要花一些心思接近“犯拧”的孩子，这对家庭教育来说很重要。接近叛逆期的孩子，主要有以下几种教育方法：

（1）家长要起到表率作用。家长要学会控制自己的脾气，不要因为自己心情不好就随时随地对爱人和孩子发火。

（2）家长不应该强制要求孩子做一些事情。孩子出现逆反心理是对家长管制行为不满的表现，如果家长一味地对孩子实施高压手段，即使孩子一时不反抗，也会把怒火藏在心里，时间一长，总有一天会爆发出来。而且家长的强制性行为只会让孩子的反抗情绪以更加激烈的方式表达出来，比如离家出走等。

（3）家长应该试着和孩子做朋友。处于叛逆期的孩子往往不愿意和家长交谈，这是因为他们觉得家长总是高高在上，他们和家长无话可说。所以家长应该放下自己的架子，与孩子和平相处。当家长和孩子成为朋友后，孩子自然就愿意把心中的喜怒哀乐都告诉家长，并在做事之前先征求家长的意见。

(4) 家长不应该限制孩子的自由。家长应该避免过分限制孩子的自由，因为这是不尊重孩子的表现。家长要学会以朋友的身份对待孩子，不要总是对孩子进行说教，要让孩子感觉到自己和家长之间是平等的，他们是被尊重的。

(5) 家长不要拿孩子和当年的自己做比较。因为时代不同，看待、解决问题的方式也不同。家长也不应该拿孩子和任何人做比较，不要挖苦、讽刺孩子。孩子的心很敏感，当他们的自尊心受到伤害时，往往会以伤害、报复别人的方式让自己心理平衡。

敏感脆弱：孩子有走不出的心理阴影

孩子进入学龄期后，对别人的评价开始关注，常常会不自觉地随着别人的评价转移自己的兴趣爱好。每个人的评价各不相同，孩子的性格也会随着别人的评价改变，但他们的性格不可能符合每个人的心意，慢慢地孩子的性格就会变得十分敏感。而这往往会使他们看不到自身的长处，只盯着自己的短处顾影自怜。

被称为“足球先生”的罗纳尔多，也曾经是个敏感的孩子。

足球前锋罗纳尔多曾经是足球界最让后卫头疼的人了。他以精准的射门技术和惊人的起跑速度让每一个对手感到恐惧。然而，许多人却不知道，被称为“外星人”的他，虽然有踢足球的天赋，但在刚刚学习足球的时候，他的表现并不是很突出。

因为长了一口难看的龅牙，他很害怕被别人看见而遭到嘲笑，所以一到球场上，他就会习惯性地把嘴巴闭上，这使他在跑动的时候无法顺畅呼吸，而他宁愿放慢自己的奔跑速度，也不愿张开嘴自由呼吸。一个细心的教练通过几天的观察，发现罗纳尔多不是跑不快，而是为了掩盖自己的缺陷放弃了奔跑。

有一天，教练趁空闲的时候找到罗纳尔多，对他说：“罗纳尔多，你在球场上应该忘记自己的龅牙，放心奔跑，龅牙并不是你的错误。而且在球场上，人们注意的是你踢球的技术，而不是你的龅牙。当你胜利时，人们会因为你的能力而忽视你的缺陷。”

从那以后，罗纳尔多在赛场上不再为了掩饰自己的缺点而放弃奔跑。通过努力，他的球技有了突飞猛进的发展。罗纳尔多就是凭借这种扎实的根底，轻松地进入了巴西国家队。

孩子敏感的成因无非是生理缺陷和曾经犯过的错误，当人们提及类似的问题时，敏感的孩子都会朝自己不好的方面想，所以他们总想改变自己以符合别人的要求。过分敏感的孩子往往会因为别人的看法而放弃自己的意愿，其实他们内心是很委屈的。

因此，父母在教育孩子的时候，要注意把握孩子心理的变化，尽量不要触及孩子的敏感区，如果不慎触及了他们的痛处，要立即想办法进行弥补。敏感对孩子的影响很大，所以，对于敏感型的孩子，父母应该及时提供帮助。

1. 告诉孩子，当别人盯着自己的时候，不必有不安的想法

告诉孩子，别人只是在看你，并不一定是在看你的缺点，你唯一的办法就是用自己的眼睛接住对方的目光。时间一长，孩子对别人的眼光就不会很敏感了。

2. 要让孩子知道，坚强的人敢于面对自己的缺点

告诉孩子，不管他有多少缺点，也不管他有多少优点，他都是唯一的，没有谁可以代替他，别人的眼光不能代表什么。只要能够正视自己的优点和缺点，就能对自己有一个正确的评价。

3. 让孩子体验成功

如果孩子因为自身的缺陷或某些错误而造成心理敏感，父母应该鼓励孩子尽量发挥自己的长处，让孩子有更多的表现机会。当他体验到成功的喜悦时，便能看到自身的价值了。

4. 帮助孩子锻炼坚强的意志

心理敏感的孩子大多是意志薄弱的人。父母应该告诉孩子，一个人只有正视自己的缺点才能成为强者，只会掩饰缺点的人是生活的懦夫。父母应该鼓励孩子多参加集体活动，试着主动和陌生人交流，并表达自己的想法。这些活动都有助于锻炼孩子坚强的意志。

5. 告诉孩子，盲目的自卑没有必要

孩子想要表现得处处完美是没有必要的。父母应该让孩子意识到，他们只是集体中的一个，别人也不过如此，没有人会只注意他和他的缺点。

爱嫉妒：孩子没看到自身的优点

嫉妒是由于他人在某一方面比自己优越而产生的不愉快、心怀不满的情绪。这种情感包括不悦、自惭形秽、怨恨、恼怒等。嫉妒是与生俱来的一种情绪，但如果达到心理极度不平衡的状态，对孩子的成长是十分有害的。只有将嫉妒化作鞭策孩子上进的力量，努力提高孩子的能力，这才是家长应当积极去做的。

家长在教育孩子的时候，要让孩子掌握好度，对孩子上进的“嫉妒”要支持，对害人害己的嫉妒则要纠正。

嫉妒是一种包含了嫉恨的心理状态，而且这种嫉恨是没有必要的。家长要帮助孩子远离嫉妒的陷阱，让他们在客观地评价别人的同时，也要客观地看待自己。只有这样，孩子才能处理好和他人的关系，也才能在自己的人生道路上积极进取。

我看过这样一则故事：

某中学初一学生晓丽，是一名13岁的女生，她很漂亮，是学校篮球队的主力，只是学习成绩差，嫉妒心也有些强。她的同桌小娟，是一名品学兼优的好学生。每次小娟考了第一名，晓丽心里都很“难受”，于是就在背后议论小娟是事先知道了题目，不然就是碰巧考得比较好。晓丽还经常将小娟的笔记本藏起来，让小娟不能好好上课。只要小娟积极主动为班里做事情，晓丽心里就很不舒服，说小娟是在出风头，是在表现自己。

晓丽的这种嫉妒心在不知不觉中已经伤害了他人和自己。莎士比亚曾经将这种感情称为“绿眼妖魔”，谁做了它的俘虏，谁就会受到愚弄。晓丽就是受到了这个“绿眼妖魔”的愚弄，使得她没有客观地看待自己，也没有客观地评价别人。她受妒忌心理的驱使，对比她优秀的人总是感到不满，进而贬低和诋毁同学。

晓丽为什么会有这么强的嫉妒心？一是因为她对自己没有正确的评价，只看到了自己的短处，没有看到自己的长处，没有发现自己比别人优秀的地方；二是因为她好胜心太强，在各个方面都想取胜，事事都想占上风；三是因为她心胸比较狭窄，缺乏修养，没有包容他人之心。

值得庆幸的是，晓丽的父母及早发现了她的不正常情况，采取了以下有效措施，“挽救”了他们的女儿。

1. 案例教育

晓丽的父母给她讲故事，告诉她嫉妒之火能毁灭别人，也会断送自己的前途。通过大量的实例来开导她，让她认识到嫉妒的危害性，帮助她远离嫉妒。

2. 找出孩子的闪光点

晓丽的父母向她灌输“金无足赤，人无完人”的思想，告诉她虽然她学习成绩比较差，但她是学校篮球队的主力、得分能手，打篮球是她自身的优势，要发挥这一优势，让她看到自己也有强于别人的地方。

3. 化嫉妒心理为竞争意识

晓丽的父母教给她化解嫉妒的窍门：每当出现嫉妒他人的苗头时，先要问自己："我为什么这样想？这样想会产生什么后果？"然后告诉自己："你行，我也行！你行，我比你更行！"

经过父母长期耐心的引导，晓丽消极的嫉妒心理终于转化为积极的竞争意识，以及自强、自爱的精神。

4. 参加有益的活动

晓丽的父母指导她参加一些有益的活动。如：参加班级和社会公益活动，培养自己成为一个胸怀宽广的人；参加读书活动，阅读有关书刊，加强自身的修养。

经过父母的悉心辅导，晓丽再也不去嫉妒某些方面比自己优秀的人了，而且，她还能虚心向同学们请教问题，学习也有了进步。

心理测试：你的孩子自尊心有多强？

1. 孩子有很强的洞察力。

A. YES → 3

B. NO → 2

2. 孩子非常在意家人或他人的言行。

A. YES → 4

B. NO → 5

3. 孩子在某个时候多少会有些任性、顽固。

A. YES → 6

B．NO → 5

4．孩子不是很喜欢观看比赛。

A．YES → 7

B．NO → 8

5．孩子不喜欢把自己的东西借给朋友玩。

A．YES → 9

B．NO → 8

6．孩子做事比较认真，不会轻易服输。

A．YES → 10

B．NO → 9

7. 孩子生性较为腼腆，容易害羞，不善于在大庭广众之下说话。

A．YES → A

B．NO → B

8．孩子经常会用类似于“大家都有的”的理由，来得到喜欢的东西。

A．YES → A

B．NO → C

9．当你指出孩子的错误时，他能够承认自己的错误。

A．YES → D

B．NO → B

10．跟小朋友做游戏时，孩子会觉得很安心。

A．YES → C

B．NO → D

测试分析

A：过分贬低自己，不会寻找自身的优点。孩子很缺乏自信，有时甚至妄自菲薄，所以当孩子遇到困难时，通常会说：“妈妈，我怕”“这件事情我做不成”。家长一定要帮助孩子挖掘他们的长处，使孩子承认自己的长处，增强他们的自信心，但是也要正视其缺点并弥补其不足。家长首先要做的是培养孩子的信心，可以暂时对孩子的缺点持视而不见的态度。

B: 有时候需要拿出勇气才能承认缺点。孩子是自尊心很强的人，总是不承认自己比同龄人差，因此，也会出现不懂装懂的情形。所以，家长应该让孩子有承认错误的勇气。

C：受到较强的刺激，孩子的自尊心才会爆发。这类孩子基本上属于没有自豪感和自信心的人，开始的时候多半会跟随他人的步伐走，没有自己的主见。

D：孩子的掌握能力很强，是很有自尊心的人。这类孩子通常很有信心，无论什么时候都不愿失去自尊，所以能看见自己的长处，也能积极完善自身所欠缺的部分，能够做到“扬长避短”，且保持着积极、乐观的态度。

自古以来，中国就追捧“棍棒底下出孝子”，很多家长虽然也明白这种观念过时了，却不知如何正向激励孩子。家庭教育的重要性毋庸置疑，家长若想让孩子形成健全的人格，成为积极向上的人，就应当在平时多给孩子正面能量。

第三章 情感抚慰力量大——利用心理法则培养孩子

3

激励孩子，满足他的“成就需要”

“成就需要激励”理论是由美国哈佛大学的教授戴维·麦克利兰提出的，他把人的高级需要分为三类，即成就需要、权力需要和交往需要。什么是成就需要呢？成就需要是指追求卓越、实现目标、争取成功的愿望。从行为科学理论上来讲，只有那些还未得到满足的需要才对人有激励作用，而已经满足的需要只能给人满意感，激励效用很微小。

如果把“成就需要激励”理论放在孩子的领域，那么如何判断孩子的“成就需要”呢？我个人认为首先孩子作为一个人，他完全符合“成就需要激励”理论的主旨，他也有追求卓越、实现目标和争取成功的愿望；其次，孩子和成人在各种价值观和人生经历、心智等方面存在着很大的不同，他们的“成就需要”在成人的眼里可能显得比较容易满足和简单易做，但最后产生的效用却是相同的。

孩子虽然各方面都没有家长成熟，但是他们同样希望得到别人的赞同，希望通过做某些事情来证明自己的能力，进而获得成就感。孩子有了成就感之后，做事就会更加有信心，而且增强了他们处理事情的能力。

曾经有一段时间，我和丈夫工作都很忙，一边忙着工作，一边还要忙着照顾家庭和孩子，我的身体和心情都变得很糟糕，也会忍不住对孩子们发脾气。

没想到我的这种“恶劣”表现得到了孩子们的控诉，儿子甚至对我说：“妈妈，你变了，我不喜欢这样的你！”

我听后心情也很不爽，自己忙里忙外不说，还被孩子抱怨，禁不住对儿子说："我是变了，也是被你们逼得变了！我从一个少女变成了照顾小孩的'黄脸婆'，你和妹妹都快把我的精力磨光了，你知道照顾一个家和两个小孩是多么困难和复杂吗？做小孩就是幸福，等爸爸妈妈做好饭就可以吃，做完作业还能看动画片，真好啊！"

儿子听我唠叨了一大堆，低下头不说话了，好像自己犯了很大的错。我马上意识到自己的话可能伤害到孩子了，我怎么能把责任都推给孩子呢？但是孩子也应该体谅一下妈妈的难处啊，为什么不互换一下身份，让孩子做一次"家长"呢？

于是，在一个周末，我们一家人达成了短暂的协议：儿子和女儿扮演爸爸妈妈，负责周末家庭里所有的事情，我和丈夫扮演妹妹和哥哥，任务就是写完作业看电视。

当然，我们并不是真的对两个孩子撒手不管，主要目的是让孩子体验一下家长的辛苦，并且让他们找到当家做主的成就感。

当天正好电用完了，因为儿子是家长，所以他负责拿着钱和电卡去银行买电。因为银行离我们小区有一条马路，儿子也从没有去银行买过电，有些担心的我还是悄悄地尾随在孩子的身后走进了银行。

儿子到了银行之后，很聪明地询问了工作人员买电的流程，然后在工作人员的帮助下成功地购买了电，圆满地完成了任务。

等到儿子回到家后，我和丈夫都露出了惊奇的表情，并冲他竖起大拇指，称赞他非常了不起，可以自己完成这项艰巨的任务。

儿子故意把胸脯抬得高高的，满脸的得意和自豪，那神情仿佛指挥千军万马的大将军凯旋一般。

女儿也不甘落后，小丫头个子还没有灶台高，非要站在凳子上给她的两个"孩子"煎鸡蛋，我只能战战兢兢地看着她。或许是她平常在厨房里看我煎鸡蛋的次数多了，一开始倒也做得有模有样，可是加盐的时候，小手就犹豫了。

虽然我和丈夫不得不勉强享用女儿“特制”的鸡蛋，但是在吃的时候我们依然表现得很开心，并且称赞女儿的厨艺很棒，小丫头听了“咯咯”地笑了很久。

儿子和女儿通过这次互换身份之后改变了很多，以前有些事情他们从不过问和插手，因为在他们的意识里，那是父母应该做的事情，和还是小孩子的他们没有什么关系；而现在他们会做一些力所能及的家务事证明自己，有时一些比较大的事情，像买电、招呼客人之类的事情，他们也会主动请缨，而每次我和丈夫都会给予孩子鼓励和称赞，满足他们的成就感。

激励孩子去完成一些在他们能力范围之内的事情，让孩子体验到成功带给他们的满足感，从而增强他们的自信心，这是每位家长都能够做到的事情。那么家长应该怎样满足孩子的成就需要，从哪些方面去激励孩子呢？每个孩子的情况都不一样，家长要采取的方法也不同。

翻看了很多家教书籍和教育经典著作，我又通过自己教育孩子和学生的经验，总结出要满足孩子的成就需要，首先应该给孩子一个目标，而且这个目标不能太高，否则孩子完不成，还会被失败和挫折笼罩，丢失自信心；这个目标也不能太低，否则带给孩子的成就感不强，自信心依然不高。

我身边就常有这样鲜明的例子，每到孩子升学考试的时候，就是孩子和家长战争大爆发时期，有些家长认为自己的孩子很聪明，在没有完全了解孩子实际情况的时候，就让他报考重点班或者重点院校；而有些家长则主观认为自己的孩子学习能力不行，很不看好自己的孩子，结果在家长不抱任何希望的情况下，孩子也受到了影响，本来能够努力一下考进重点班或重点院校的孩子，最后进了普通的学校，过着家长心中普通的生活。

当然，我说的这种事情并不是绝对的，普通班也有很多出色的学生，而不出色的学生到了重点班，经过努力也能变得出色。但是能够让事情朝着更好的方向发展，更容易增强孩子自信心的事情，家长为什么不做呢?

家长如果一开始就了解孩子的实际情况，根据孩子的个性和学习潜力为他选择一个合适的班级或学校，那么孩子无疑会获得更大的成就感和自信心，成功的概率也会增加。

我有一个朋友的儿子已经上初三了，在班里的学习成绩一直是中等，按历年的升学规律来看，这个孩子上一般的高中应该没有什么问题。一天，这位朋友拿来了好几张普通高中的学校简介，让我给她的孩子当个参谋，当时离中考还有5个月的时间。因为是很好的朋友，我也没有推辞。

看了几个之后，我突然问她："你为什么不让你儿子报重点高中呢?"

她以为我在开玩笑，马上摇摇头说："他不行，就他那样的成绩，能上一所普通高中就不错了!"

我并不同意她的看法，因为她的儿子曾经流露出想要报考重点高中的想法，但是被朋友的漠视给打消了。而且对那个孩子的情况我也有些了解，他很聪明，综合能力也不错，只要多付出一些努力，是能进更好的学校的。

最后，我劝说朋友回家鼓励孩子考重点高中，就算朋友认为孩子考不上，不是还能选普通学校吗?不用担心孩子没学上，就算是给自己一个期望，给孩子一个机会!

朋友一直很相信我的教育方法，于是回去后，他就不断地试着鼓励孩子考重点高中。几个月后，朋友孩子中考的成绩下来了，过了重点线5分。

后来，朋友特意邀请我去她家做客，席间她对我说："真是谢谢你啊!现在孩子不但进了重点高中，就连性格都变得比以前开朗了。这件事情给了他很大的自信心，他还说要考重点大学呢！我相信他只要努力就一定能考上。”

我个人并不觉得有什么值得朋友道谢的，因为是她给了自己孩子成功的机会，因为她的鼓励，孩子有了自信和动力，并通过自己的努力获得了成功。

激励孩子一步步接近成功，并不是一件很困难的事情，关键在于家长怎么做。我相信只要家长随时想着怎样才能更好地增强孩子的自信心，用最正确的方法激励孩子迈向成功，那么孩子就不会让家长失望。

世上没有蠢材，只有被放错位置的天才

20 世纪 60 年代末，美国著名的心理学家罗伯·罗森塔尔和雷诺尔·贾可布森进行了一项著名的试验，并取得了出人意料的效应，这种效应被他们称为“皮革马利翁效应”，也就是后来人们所说的“罗森塔尔效应”。

“罗森塔尔效应”的具体试验内容是这样的：他们随意选取了一组一年级的学生作为试验对象，但是他们告诉这些学生的老师，被选出来的学生都是经过专家特别测验鉴定出来的“天才”，并且他们都具有在不久的将来产生“学业冲刺”的无限潜力。

从此之后，学校里的师生们都对这些学生另眼相看，而他们也在不知不觉中受到感染，自信心、自尊心倍增，学习也格外努力。经过一段时间的观察发现，当老师们表现出期待这些学生有较高水平的智慧进步时，他们就真的在之后取得了比对照组学生高得多的智商分数。

于是，心理学家们根据“罗森塔尔效应”得出结论：一个孩子是否能成为天才，关键是家长和老师能否像对待天才那样地期望他、爱他、教育他，不管他是一个普通人，还是身体有缺陷的人，抑或是别人眼中不聪明的人，他都具有创造奇迹的能量。

父亲曾经救治过一个8岁的小儿麻痹症患者，我第一次看到那个孩子的时候，他的脸上除了那个年龄不该有的冷漠之外，就剩下疼痛时流下的眼泪。

孩子的家长都是老实巴交的农民，因为担心孩子的病长吁短叹、满脸愁容，一副无所适从的样子。一天，我有事去医院找父亲，正好赶上这个孩子来父亲的办公室做检查，我忽然发现他总是有意无意地朝父亲的桌子上看去，我顺着他的视线一看，父亲的桌子上有一本小学生数学课本，那是以前的一个小患者落下的。我走过去把课本递给他，鼓励他说：“这是小学二年级的数学课本，虽然我不知道你上几年级，但是我相信这里有些题目你可以做出来。”说完，我又给了他一支笔。

下午的时候，我发现那个数学课本又安安静静地躺在父亲的桌子上。我拿起课本，找到了那个孩子的病房。他正躺在床上，以一种不安而又期待的眼神望着我。

我翻开课本一看，有几道题的答案被写在了课本的空白处，而从歪歪扭扭的新的笔迹来看，应该是那个孩子写上去的。

这时，正巧孩子的家长走了进来，看见我正在翻看小学课本，不禁脱口说道：“如果我家的孩子身体健康，现在也该上小学二年级了。”

我惊讶地问：“这个孩子没上过学？”

孩子的母亲说：“他6岁的时候就得了这个病，我们整天带着他四处求医，就算我们愿意让他上学，学校也不会收他啊。”

“那你们平常教孩子学习吗？”

“我们两个文化水平都不高，想教他也力不从心。”孩子的父亲有些愧疚地看了一眼躺在病床上的儿子。

我一方面是为了安慰孩子的家长，一方面也是真心地称赞他们的孩子说："那这样说，你们的孩子就是个数学天才了，他没有上过学，竟然做对了好几道课本上的数学题。"

孩子的家长一脸的惊奇，不相信地说："是真的吗？"

我笑笑说："是真的！我是一名老师，我可以看出你们的孩子在学习上很有潜力，他很聪明，而且悟性很高，是一个学习的好苗子！"

听了我的话，孩子的家长精神一振，他们再看孩子的时候，眼光已经不一样了，充满了欣喜和骄傲，还有对孩子未来的希望。而那个孩子眼中第一次有了惊喜，脸上也有了自信的笑容。

在接下来的时间里，我利用闲暇时间教这个孩子基本的数学公式和数学题，我发现他学习的积极性特别高，听我讲的时候也很认真。也许是苦难让这个孩子压抑得太久，他学习的主动性和求知欲很高，而他每做对一道题，他的家长脸上都会露出笑容，他们真的相信自己的孩子是个数学天才。

几年后的一天，父亲突然打电话跟我说，那个孩子的家长给他寄来了一些土特产，还有一封信，信上提到要特别感谢我当年对他们孩子所做的一切，还说要不是我，孩子的天分也许就被埋没了，现在那个孩子考上了一所不错的中学，学习成绩非常好。

我其实早已经忘记了当年的事，而且我也并不觉得自己做了什么了不起的事情，那时候的我完全是出于对那个孩子的同情和怜悯，希望他能够增强自信，也希望他变得开心一些，才说出欣赏他的话，并夸赞他是一个很有学习天分的"天才"。

这个孩子的事情也许是个例，但孩子身上的潜能是可以被激发出来的，这需要家长对他们不断地激励、鼓励和欣赏。套用一句俗语："这个世界上没有蠢材，只有被放错位置的天才。"我相信每个孩子都是天才，他们都能创造出奇迹，然而这事先需要把他们身上的潜能挖掘出来。用什么挖出孩子的潜能呢？我认为最主要的就是欣赏。

家长对孩子的欣赏就是对孩子的一种信任和肯定、一种理解和沟通，更是一种激励和引导，它能促使孩子扬长避短，更加健康、快乐地成长和进步。每个孩子都渴望来自他人的欣赏，特别是来自家长的欣赏，而欣赏也是一种爱的表现，在家长与孩子的欣赏与被欣赏之间，亲子之爱会变得更加紧密和浓厚。

我记得儿子鑫鑫在升学考试的那段时间还把大量精力用在篮球上，爱人对他的这种行为非常生气，希望他把时间都用在升学考试上，为此父子二人经常发生口水战，关系也一度闹得很僵。

爱人抱怨说："孩子这样很容易玩物丧志，马上就要考试了，他还不好好复习，虽然说小学升初中没有什么担心的，但万一孩子养成这样的习惯，以后可怎么办？小学就这样，到以后考大学的时候，他还能专心吗？"

我对他说："既然你都说孩子升学考试没什么问题，我想他自己一定很清楚自己的实力，你要相信他！而且我通过这段时间的观察发现他每天都会给自己固定的时间学习，为什么不用欣赏和鼓励的眼光看待孩子的这种行为呢？"

爱人也觉得我说得很有道理，从我们谈话结束之后，他每天果真不再对儿子说教了，而是一下班就和儿子一起去小区的篮球场打球。刚开始鑫鑫还感觉很奇怪，以为爱人是故意催他回去学习，可是几天之后，孩子就不这么想了，爱人对他表示了充分的信任和肯定，而且称赞他这么小就会合理地安排时间，学会了劳逸结合。

正是有了爱人的欣赏和肯定，我发现在紧张的升学阶段，鑫鑫表现得很轻松，而且学习效率竟出奇的高，最后以全班第一名的成绩考上了中学，数学竟然考了 100 分，而以前他最高的数学成绩也就是 85 分。

让我感到最欣慰的是，通过这次事件，爱人和儿子的关系变得亲密多了，两人还因为打篮球培养了共同的兴趣，有了很多共同话题。

家长欣赏孩子，既是对孩子宽容的表现，同时也是对孩子信任的表现，有了家长的宽容和信任，孩子做事的时候就有了力量和自信，而且会为了证明家长这种决定的正确，让自己变得更加努力，从而最后取得的成绩会远远超出他之前的能力，他的潜能也就被激发出来了。

我最后想对所有的家长说一句：“如果你爱你的孩子，就发自内心地欣赏他吧！”

给孩子信心，做他成功的“充电宝”

荣获诺贝尔文学奖的英国戏剧大师萧伯纳说过这样一句话：“有信心的人，可以化渺小为伟大，化平庸为神奇。”信心是一个人成功路上必备的武器，唯有拥有坚定信心的人才能坚持到最后，获得令人称羡的成就。

自信心在我看来是一件很神奇的东西，它能让一个自卑的孩子变得勇敢和乐观，也能让一个正在经受挫折和失败的孩子重新架起希望的船帆。

我曾经有一次很荣幸地被一个儿童协会邀请去做评委，当时他们准备在“六一儿童节”举办一次大型的晚会，主要演员都是孩子们，但是之前要经过选拔。

因为组委会事先在报纸上做了广告，前来报名的孩子和家长非常多，热情度也很高，我正好有时间就又担任了接待一职。

我虽然不是艺术特长生，但也略懂一些音乐和舞蹈，孩子们的表演水平参差不齐，有的很有天分和舞台经验，不用选拔就可以直接参加晚会，而有的孩子稍显笨拙，就算最简单的朗诵也没办法完整地进行下去。

作为晚会的评审人员，我必须负责地选出最优秀的小演员参加晚会。但是作为一个母亲和老师，在我眼里所有前来报名的孩子都有出色的地方，而且他们的家长也都是带着期望和自豪前来的，拒绝任何一个孩子都是对他们的一种伤害，都会不同程度地打击孩子的自信心。

我印象最深刻的是有一个父亲带着7岁的儿子来报名，一见到我就非常热情地打招呼，希望我能让他的孩子上台表演。我先观看了他孩子的小提琴演奏，明显很生疏，调子也是断断续续的，到后来甚至有些刺耳，站在旁边的一些家长和孩子还夸张地捂起了耳朵。

这个孩子的表演显然不符合晚会的要求，我只好委婉地告诉他的父亲，孩子的小提琴水平还不够高，也许稍加练习，明年还可以继续来试试。

但是，这位父亲却一再地恳求我说："老师，我拜托您，您一定要想办法让我的孩子上台表演啊！这可是他人生的一次机会，否则孩子可能就完了！"

这位父亲的话把我吓了一跳，我诧异地说："这只是一次小晚会，没有这么严重吧？孩子以后的机会多得是，他才7岁，您不要把这件事情看得太严重！"

这位父亲说："老师，您不了解我们家孩子的情况。这孩子性格比较内向，而且有些自卑，之前我很害怕他有自闭症，我也带他去看过医生，医生说孩子可能是缺乏自信，要我们做家长的多鼓励孩子，经常激励孩子去做一些增强他自信心的事情，要不然孩子离自闭症就不远了。现在，孩子的状况好多了，还学会了拉小提琴，在家里无论他拉得多么难听，我和他妈妈都会鼓励他、称赞他。这次，是孩子自己主动要求来参加的，如果满怀希望的他被拒绝，孩子的自信心一定会受到重创，我真害怕他变成以前那样。所以，老师，我拜托您，一定要让我的孩子上台，花多少钱我都愿意。”

听完这位父亲言辞恳切的请求，我真不忍心拒绝，因为不只是他，已经有好几个被刷下去的孩子的家长找过我，说孩子一听说自己没被选上，回到家不是眼泪汪汪的不说话，就是大哭大闹，看得家长揪心的疼，还有一个孩子的家长对我说，他的孩子一回到家就说再也不学钢琴了。

我从电视上和报纸上也看到过很多类似的孩子才艺的选拔活动，被选上的孩子神采奕奕的，而没被选上的孩子情绪都很低落。我也知道孩子小时候应该经受一些挫折，但是自信不比挫折更能让孩子开心起来吗？单从作为一个母亲来讲，孩子获得成功我很开心，但我更希望看到自己的孩子快乐，如果有能力让孩子少受一些挫折，并且增强他们的自信，我为什么不那样做呢？

回到家之后，我和爱人说起了这件事情，他的一句话点醒了我，也给我出了一个好主意：“既然你不想打击那些被刷下来孩子的自信心，为什么不再举办另一台晚会呢？”

“另一台晚会？你说得太容易了，一百多个被刷下来的孩子，才艺又差那么多，我一个人的能力肯定不行！”我心里打起了鼓。

“儿童节不是快到了吗，你一直在想送什么礼物给妞妞和鑫鑫，为什么不送他们一场自己演的儿童剧呢？我可以免费做你的编剧，不过你要先把所有被刷下去的孩子的大概资料给我，这样我才能给他们安排角色，同时又不会让他们难堪。”丈夫冲我眨眨眼。

“对啊！这真是一个好主意！”我惊呼道。

第二天我就把自己的想法告诉了那家儿童协会的主席，他很赞同我的做法，还说儿童节是所有孩子的节日，应该让每个孩子都过得开心。同时，我这个想法也得到很多孩子家长的支持，他们都愿意空出时间和孩子一起制作道具、彩排等，还有几位家长主动要求和孩子们一起表演。

“六一儿童节”那天，小剧场里座无虚席，孩子们表演的“爸爸妈妈送给我的礼物”不时地迎来台下的一阵阵热烈的掌声。

我也坐在台下观看孩子们的表演，虽然他们演得有些杂乱，但是他们认真、自信的表情让我内心不时溢出满满的感动。尤其是当我看到那个拉小提琴很生疏的孩子此时站在舞台中央，全神贯注在自己的音乐上，他表现得就像一台音乐会的主角，而他演奏出的音乐婉转悠扬，到最后又激昂生动，我不禁怀疑这是当初那个拉出刺耳音乐的孩子吗?

儿童剧结束的时候，所有孩子都出来谢幕，而台下全场的观众也都起立鼓掌，我看到那位拉小提琴的孩子的父亲不时地朝舞台上的儿子竖起大拇指，眼睛里还有隐隐的泪光在闪烁。

表演结束之后，这位父亲找到了我，不停地对我道谢，我问他：“你的孩子怎么在这么短的时间内，小提琴水平进步这么快？”

他说：“孩子一听说要参加演出，表演小提琴演奏，而且还是一个重要角色，回到家后就开始刻苦训练，手指头都磨出了血泡，我让他休息他也不听，而且周围的邻居一听说我的孩子要参加儿童剧的演出，都夸他有出息，他练得更起劲了，可以说是没日没夜。我也没想到今天他能超水平发挥，说实话，我现在都还很激动，我的儿子太了不起了！”

看着面前为儿子自豪的父亲，我也难以平复激动的心情，我们这些大人只是为孩子出了个点子，花费时间做了一点儿小事，却可能改变他们的一生。

21世纪是个快节奏的时代，工作、生活和孩子让很多家长不堪重负，他们没有更多的时间去教育孩子，只是一股脑儿地把孩子交给保姆、老师和学校，更别说用心观察孩子心理是不是发生了不好的变化，有没有自卑的倾向，需不需要家长的鼓励和支持，只是注重孩子的成绩和孩子做事的结果，进而对他们做出主观的评判。这样很容易使孩子产生一系列不利于成长的因素，比如自卑、怯懦、任性、反叛、冷漠、自私等。

正是因为孩子的思考能力有限，当他们遇到自己解决不了或者无法做出选择的事情时，他们需要获得家长的意见，而此时正是家长增强孩子的自信心，鼓励孩子找出正确方法的好时机。一旦家长错失了教育孩子、鼓励孩子的最佳机会，孩子就容易陷入不自信的恶性循环中，形成一些不好的性格并养成一些坏习惯。

家长就像石油钻井工人，需要借助激励这个钻井“工具”，不断地开采出自信的“石油”，然后输送给自己的孩子，让他源源不断地充满能量往成功的路上疾驰而去。

正面鼓励，保护孩子的创造性

一天，还在上小学的徐磊磨磨蹭蹭地将语文试卷拿过来给妈妈签字，并低声说：“考得不好。”

妈妈还没有接到试卷，就知道儿子这次的分数肯定不高，于是仔细看了看儿子的试卷，发现其中有两道看图题原本是可以得分的，但都被老师打了大红叉。

第一道题的画面上有一个孩子正在给小树苗浇水。儿子在图下方的横线上写着：哥哥在种树。本题被老师判为错，题的下方，儿子更正的笔迹是：哥哥在浇水。

第二道题的画面上有一大片成熟的麦子和两个小朋友正在捉蝴蝶。儿子在图下方的横线上写着：庄稼丰收了。这道题也被老师判为错，题的下方，儿子更正的笔迹是：小朋友捉蝴蝶。

这两道题从原则上来说，儿子都是根据画面显示的内容来写出的答案，他的答法也不能算错。

于是妈妈就把徐磊叫到身旁，问道："'哥哥在种树'和'庄稼丰收了'这两个答案都是对的，为什么没有得分呢？"

妈妈试图通过分析试卷以减少儿子的失败感。

儿子坚定地说："老师说，她的答案才是标准答案。"

儿子的话让妈妈稍感震惊，因为在儿子的眼里，老师的答案就是绝对的权威。妈妈没有再和儿子说下去。

妈妈并不在乎儿子这次的成绩，只是儿子的话让妈妈有些迟疑。儿子原本正确的答案全然被否定了，一次的考分并不重要，重要的是，这样下去，就会阻碍儿子创造性思维的拓展。

妈妈思索着，如何能让儿子意识到自己的答案也是正确的呢？

过了一会儿，妈妈又把儿子叫到身边，然后和他一起研究那幅栽树的图。妈妈告诉儿子："第一题的画面可以说是'哥哥在浇水'，也可以说是'哥哥在种树'，还可以说是'弟弟在浇水'……"

儿子打断了妈妈的话："也可以说是'弟弟在种树'。"

妈妈欣慰地点点头，告诉儿子，这道题还可以有更多正确的答案，并让他继续想。

儿子歪着头想了一会儿，说："小树长高了。"

妈妈兴奋地说："对！"

儿子的思路一下子又开阔了许多，他大声地说："我和小树一起成长。"

妈妈鼓励着儿子："很好！"

儿子跃跃欲试的神情，让妈妈会心地笑了，因为在妈妈看来，儿子摆脱了教师标准答案的束缚，能够独立思考，将单一的答案扩充为很多种答案，这就能够增强儿子的创造性思维，如果能够让儿子形成一种习惯，那么他将终身受益。

继而，儿子又疑惑地问妈妈："妈妈，老师会不会认可我想的这么多种答案呢？"

孩子的思维多多少少受到了“权威”老师的限制，于是妈妈郑重地说：“你的想法没有错误。”

这时，儿子也因为自己想了多种答案而高兴起来。

孩子的创造性思维是在科学的领域中能够有所创新的必备素质，无论是老师还是家长都应该下大功夫培养孩子这方面的素质。

在生活中，很多家长可能会陷入一种固定的思维模式中，按照一种固定的思维模式去教育孩子，这样，就很少能给孩子想象的空间来发挥其创造力。

或许“异想天开”带有一种贬义，但是对孩子来说，“异想天开”也是一种难能可贵的想象力。“异想天开”对孩子来说，就是他们早期创造性的体现。所以，对于孩子的异想天开以及奇特的想法，家长不要责备他们胡思乱想，而应该给予他们适当的鼓励和引导。

那么应该怎样培养孩子的创造性思维呢？

（1）改变自己的思维方式，不要把现在不可能的事情认定为永远都不可能发生。比如，当儿子兴致勃勃地跑过来跟妈妈说：“妈妈，将来我长大了要到太阳上去探险。”在这个时候，家长千万不要对他说：“傻瓜，太阳那么热，就像一个大火球，你还没有靠近它就已经被烤成灰了。”而应该这样鼓励和引导孩子：“儿子的想法真棒，不过那需要你有丰富的知识和学问，从现在起，你就要好好学习科学知识，为你将来的这一梦想服务。如果在未来，科学家能够发明一种不怕太阳高温的飞船和宇航服的话，你就能够顺利地到太阳上去探险了。”

尽管孩子的有些想法只是可笑的幻想而已，但是也不要去嘲笑他。因为每一个看似奇妙的想象在若干年后都有可能变成现实。如果家长长久地对孩子的这种看似荒谬的想法给予否定，就容易抑制他的创造性思维，在无形之中，会给孩子的思路加上条条框框，从而挫伤孩子想象的积极性。

（2）家长要鼓励孩子想象。雨果说过："一个孩子的头上，无论有什么样的天花板或者穹隆，在他的眼睛里反映出来的就总是天堂。"

一个妈妈为了培养儿子的记忆力和语言的表达能力，于是，在每次讲完故事之后都要求儿子把刚才所讲的故事重述一遍。

一次，听完妈妈讲的《狼和小羊》的故事之后，孩子认为那只可爱的小羊不应该被凶狠的狼吃掉，于是在复述的过程中就自创性地糅进了一个故事情节：小羊拼命地奔跑，并朝着周边大声地喊着救命，小羊的呼叫正好被路过的猎狗听到了，于是见义勇为的猎狗奋力地跑过来与凶狠的狼展开了搏斗，并战胜了可恶的大灰狼。

孩子的妈妈听完后生气地说："我讲的《狼和小羊》的故事是这样吗？下次你要仔细地听好了，别讲错了！"孩子本以为自己创新式的《狼和小羊》的故事会赢得妈妈的赞同和夸奖，没想到却遭到了妈妈的批评，他委屈极了，之后孩子再也没有兴趣听妈妈讲故事了。

这位妈妈的做法显然是错误的，无形之中就扼杀了孩子的创造性思维。孩子的异想天开和创造性的想法，体现了他们独特而丰富的想象力，家长应该予以正确的引导和鼓励，让每一个异想天开的孩子登上通往科学高峰的阶梯。

表扬孩子，你得知道何时为他鼓掌

有一次，爱人带我去听音乐会，第三首乐曲是我最喜欢的贝多芬的《献给爱丽丝》。当时，我正沉浸在乐曲浪漫的优美意境里，突然，几声不合时宜的掌声响了起来，搅乱了我的美妙感觉。我发现是一个八九岁的小男孩正兴奋地拍着手掌，他的母亲正在竭力制止他，并尴尬地看着周围因为孩子鼓掌朝他们望过去的人们。

这对母子离我坐的位置很近，中间只隔了一个人，我听到这位母亲小声对孩子说："别拍了，这样不礼貌，你这样会打扰别人听音乐的！"

小男孩很不情愿地把双手放下，噘着嘴说："妈妈不是说，听到喜欢的音乐要为别人鼓掌吗？"

"我是这样说过啊，可是现在大家正在安静地欣赏音乐，你这时候鼓掌是不对的，要等到演奏结束的时候再鼓掌，懂吗？"

小男孩还是很迷茫，显然他并没有完全理解母亲的意思，为什么一下子让鼓掌，一下子又不让鼓掌了呢？到底怎样做才是对的呢？

孩子因为年龄小，他们可能还不明白，对音乐演奏者表演的称赞是要看准时机的，像《献给爱丽丝》这种浪漫、轻柔的音乐，我们欣赏的时候是不应该中途打断的，否则就把一个完整的梦境给打碎成了几个片段。同样的道理，家长在称赞孩子的时候也应该看准时机。

表扬孩子就像在欣赏一场音乐会，你要知道什么时候为他鼓掌是最合适的。在现实生活中，很多家长关心孩子的时机总是没有选择好：当孩子需要独立和自己奔跑时，家长却给了孩子过分的呵护；而当孩子需要家长的表扬和鼓励时，家长又害怕他们因为自己的表扬变得骄傲自满，于是故意表现出满不在乎或者冷淡的样子。这两种表现方式都会对孩子的成长产生不利的影响，第一种情况容易让孩子过分地依赖家长，变得任性和自理能力差，而第二种情况容易让孩子的自信心降低，变得自卑和消极。

我记得妞妞 4 岁的时候，有一次开心地跑到我面前说："妈妈，今天我跑了第一名哦。"

当时，我正在为一件事情烦心，就没把注意力放在女儿的身上，只是淡淡地问一句："你和谁跑步啊？为什么要跑步呢？"

女儿得意地扬起小脸说："今天在幼儿园里，老师让我们比赛跑步。我跑得可快了，老师表扬我是个运动健将。"

我心不在焉地说："哦，我知道了，你去看动画片吧，妈妈有事情要忙。"

一听我说完，妞妞的笑脸就消失了，睁着一双大眼睛失望地看着我，然后抿着小嘴，闷闷不乐地走到客厅的沙发上坐了下来。

爱人下班回来之后，就看到女儿眼睛红红地低着头坐在沙发上，而我还在忙着自己的事情，根本没有注意到女儿此时的情绪变化。

"妞妞怎么啦，你说她了？"爱人问我。

我不解地说："没有啊，刚刚还好好的。"

爱人走到沙发上抱起妞妞，温和地问："妞妞，发生什么事情了？"

爱人这一问不要紧，妞妞本来还强忍的泪水，此时忽然爆发了出来，哭着说："我跑步得了第一名，可是妈妈……"

听到女儿的哭诉，我马上意识到自己犯了一个多么大的错误，在孩子希望从我这里得到表扬的时候，我却冷淡地忽略了，孩子不但会感到很失望，觉得自己不受重视，也会失去满足感和成就感，以后她就不会把自己遇到的事情告诉我了，她会以为从我这里得到的都是消极的反馈，只会让她失望和难过。

爱人赶紧想办法补救，他对女儿说："妞妞得了第一名，真是很棒啊！爸爸还不知道这件事情呢，妞妞可以讲给爸爸听吗？"

女儿先是摇摇头，后来在爱人的再三鼓励下，她才平复了情绪，并且高兴地给爱人说起了比赛的事情。看到女儿终于笑了，我的心才算放下了一半。孩子小时候虽然忘性很大，但不开心的事情却总是给他们留下深刻的印象，影响他们以后的生活。

我不希望女儿的心里对我产生失望的情绪，所以之后我都会在她最需要称赞的时候，恰当地给予她表扬。例如她帮我收拾碗筷的时候，我会对她说："妞妞知道帮助妈妈做家务了，真是妈妈最棒的小帮手。”一段时间之后，我又渐渐地取得了女儿的信任，我的心才算整个放了下来。

没有人不希望得到他人的认同和赞扬，孩子更是如此，特别是来自家长的表扬和肯定会给他们最大的信心和成就感。当孩子通过不断的努力在学习上或者其他方面获得好成绩的时候，家长应该在此时给予他们最及时、最恰当的表扬和赏识，家长的这种热情会感染孩子的信心，在让他高兴的同时，也给他注入了继续努力奋斗的力量和动力。

有一位心理学教授做过这样一个测验：他在某次期中考试之后，分别在不同时间内对两个班级考试成绩差不多的两组学生做出了评价。

他对第一组孩子选择的表扬时间是在成绩出来的当天，他对这组孩子说：“你们这次考得不错，表现得很聪明，下次要继续努力啊！”

而对第二组孩子的表扬时间选在了第二学期的开学之后，他对这组孩子说：“你们上学期期中考试成绩很不错！”

第二学期期中考试的时候，教授发现，第一组孩子的成绩明显得提高很快，他们都说是教授的表扬让他们充满了自信，学习也更加努力了；而第二组孩子进步就比较缓慢，虽然教授也赞扬了他们，但是时间间隔得太久，这时候的表扬对他们来说没有特别的感觉，所以他们学习的积极性也不像第一组孩子那么高。

这个测验证明：及时的表扬对促使孩子产生自信心和激发其潜能的效果是最好的，如果家长能在孩子一取得成绩的时候就及时地给予赞扬，那么孩子很容易从这种赞扬和鼓励中汲取能量。如果家长给予孩子赞扬的时间间隔很久，那么孩子从中汲取的能量就十分有限，不但没有任何效用，反而会让孩子心里产生失望和挫败感，认为自己没有得到重视。

家长要为孩子下一场表扬的“及时雨”，让孩子从家长的表扬声中看到成功的希望，获取努力前进的自信力量，并且激励孩子不断地奋发向上，健康快乐地成长。

孩子迷失方向，家长要把信号灯点亮

一天，我无意中翻看到一则童话故事，讲述的是有一位年轻、英俊的王子，因为自己的驼背感到非常自卑，常常躲在宫殿里不愿见人。国王请来了无数的名医为王子治病，但是没有一个能治好王子的病，于是王子变得更加消沉和灰心，躲在自己的屋里一步也不愿走出去。

无奈的国王只好去请教一位智者，智者给他出了一个好主意。于是，国王一回到宫殿就招来了全国技术最精湛的雕刻师，刻了一座没有驼背，满脸自信笑容的王子雕像，这座雕像让人一见就觉得神采奕奕。

国王让人把这座雕像放在了王子的门前，当王子走出房门看到这座雕像时，整个人受到了极大的震撼。这时，国王对他说：“只要你心中这样想，你就会是这个样子！”

从此之后，王子只要看到这座雕像，就会努力地把自己的后背挺直。几个月后，人们都说：“王子的驼背好像好多了！”听到这些的王子变得更加自信和开朗了，走路就更加注意自己的形象了，总是挺着笔直的后背。

终于有一天，奇迹出现了，王子的驼背竟完全好了，而且他站立时的神态和那尊雕像一模一样——挺直的后背，自信的笑容。

这个故事告诉我们，当你给孩子一个目标并告诉他一定能够达成时，他真的就会全力以赴地朝着目标前进，直到有一天达成这个目标。而且你也会发现，在孩子一步步努力的过程中，他的自信心也在一天天地增加，他还会去做许多之前没有信心去做的事情。

我一直认为目标激励法是让孩子获得成功的最实际的方法，所谓的“目标激励”就是确定适当的目标，诱发人的动机和行为，达到调动人的积极性的目的。目标的真正作用就是引发、导向和激励人们。

假如家长不断启发孩子对高目标的追求，那么同时就启发了孩子奋发向上的动力。这让我想到了某位哲人的名句：“目标和起点之间隔着坎坷和荆棘；理想与现实的矛盾只能用奋斗去统一；困难会使弱者望而却步，却使强者更加斗志昂扬；远大的目标不会像黄莺一样歌唱着向我们飞来，却要我们像雄鹰一样勇猛地向它飞去。只有不懈地奋斗，才可以飞到光辉的顶峰。”

远大的目标是必须要有的，但是在实行的过程中一定要让孩子看到实现目标的希望和前景，要用一个看得见的目标激励孩子，好高骛远的目标并不能让他更接近成功。人都有憧憬美好未来的想法，但是真正梦想成真的又有多少人？为什么那么多美丽的愿望都化为生活中的泡影，变成了回忆呢？

我想最根本的原因还是我们实现目标的过程太漫长了，于是这中间发生了太多的变故，导致我们最后改变了自己人生的方向。假如我们给孩子树立了一个清晰、明确的目标，而不是盲目地给他一个仿佛笼罩在迷雾里、看不清具体方向的目标，那么孩子在朝着这个目标前进时，就会很清楚地看清楚到向目标靠近了多少，然后满怀成功的期望和热情奋力地朝目标前进，于是自信心越来越强，最终抵达胜利的终点。反之，则会使孩子前功尽弃，失去耐心和毅力。

20 世纪 50 年代的一天清晨，一个叫查德威克的 34 岁女人在浓雾弥漫的太平洋里朝着加利福尼亚的海岸游去，21 英里的路程显得异常艰难。由于海上下着大雾，她看不到任何护送她的船只，冰冷的海水侵袭着她的四肢，她依然一小时一小时地往前游去，但是15个小时后，她选择了放弃，因为她看不到任何目标，并且长时间的身心煎熬让她认为自己已经没有能力继续游下去了。

这时，她的教练和母亲都劝她继续游下去，但是她朝着雾茫茫的广阔海面上望去，除了迷雾她什么都看不到，她还是选择了放弃。可当人们把她拉上船的时候，她看到自己离目的地只有半英里！

两个月之后，查德威克成功地游过同一个海峡，而且她游的速度比男子的记录还要快大约两个小时。

人们对这一结果都感到很惊奇，纷纷询问查德威克第一次失败的原因。她说第一次之所以没有成功不是因为寒冷，也不是因为孤独，而仅仅是因为她看不到目标。

有时候事情失败的原因就是这么简单，因为看不到明确的目标，所以没有信心继续前行，于是备受煎熬地在最后选择了放弃。拥有很高判断力和毅力的成人尚且如此，那孩子岂不是更容易在看不清目标时选择放弃？所以，这时就需要家长做好孩子的领航人，帮他制定一个清晰的、看得见的目标，让他朝着这个目标努力前行。

目标的实行过程是一个充满未知的过程，孩子的毅力有限，也很容易被各种各样的事情诱惑，进而转移目标，不能坚持到最后。对于这个问题，我采取的方法就是给孩子先设置一个短期易完成的小目标，也就是把一个大目标分成若干个小目标，让孩子一步步地接近成功的目的地。

有一年春节，鑫鑫的姑姑给他买了一架很复杂的木制船模，而且是没有组装好的，需要孩子按照说明书自己来安装。刚拿到这架船模的时候，鑫鑫兴趣很大，一下午都坐在屋子里安装，但是花费了很长时间才把船的底座粘好。到了晚上，他就选择了放弃，并且要求爱人帮他安装好。

我觉得这是一个锻炼孩子动手能力和耐心的好机会，就让爱人巧妙地拒绝了孩子，并且鼓励鑫鑫自己动手完成。

我建议儿子每天只完成船上的一个重要部分，比如第一天粘好底座，第二天可以粘好船帆，第三天安装船头，第四天是船尾……

就这样，几天之后，工序很复杂的船模被儿子安装好了，这让他很有成就感，而且这架靠他亲手安装好的船模为他赢得了很多掌声和赞美声，经常有小伙伴来家里看他的船模，然后一脸崇拜地看着他，这时儿子的脸上总是写满了自信的笑容。

人生的道路都是要靠自己去走的，酸甜苦辣也好，挫折失败也好，鲜花掌声也好，这一切都要自己去经历，才能明白其中的深意，才能得到属于自己的人生经验。家长不能代替孩子去完成他的人生，能为孩子做的就是让他少走一些弯路，多经历一些成功，多拥有一些自信和毅力，而为孩子选择一个看得见的、能够实现的目标是首先要做的。

我一直鼓励家长去激励自己的孩子，去赞扬和认同自己的孩子，这会让孩子想要不断地去追求新的知识和新的成就。即使孩子犯错了，也要用鼓励的声音帮助他改正错误，认识到自己的缺点和坏习惯。

家长就像一名守塔人，当孩子身在迷雾中看不清成功的方向时，家长就要把信号灯点亮，给孩子指出正确的目标方向，然后指引孩子大踏步地前行。

做一次“胆小鬼”，培养孩子的自信心

我小时候性格很孤僻，而且有些自卑，和母亲的关系也一直闹得很僵，因为母亲是一个很强势的女人，所有事情都希望做到更好，

而我总是达不到她的要求，再加上我那时候性格很倔强，喜欢把不满和委屈埋在心里，所以和母亲的战争都是以我的沉默作为结束。

终于有一次，我和母亲大吵了一架，一气之下去了奶奶家住，那年我刚刚11岁。后来，父亲把我接了回来，但是我依然和母亲冷战。突然有一天早上，母亲生病很严重，家里除了8岁的弟弟就剩下我。母亲躺在床上，虚弱地对我说："今天中午的饭我没法给你们做了，你们自己弄点儿吃的吧。"

我早已经忘了还在和母亲生气这回事，眼泪汪汪地看着母亲说："妈妈，您没事吧？我去给您找医生。"

"傻孩子，你爸爸就是医生，家里也有药，我已经吃过了。现在就是全身没力气，想吃点儿东西。"母亲看着我说。

"您想吃什么，我去做！"我马上说，别说是让我做饭了，让我做什么我都愿意，只要母亲能感觉舒服一些。

"我想吃饺子。"母亲就像一个小孩一样看着我，那一刻我觉得母亲不再是以前那个强势的妈妈了，而是一个温柔的、虚弱的，需要被我照顾的人。

我豪情壮志地来到厨房开始和面，弟弟显得比我还要积极，可能他也被母亲的病态吓到了，以为只要吃了饺子母亲就会好起来。我们两个小孩就在厨房里"热火朝天"地忙了起来，终于饺子下锅了，前来串门的邻居看到我们两个小孩做好的饺子，不住地夸赞我们两个是如何的了不起，母亲更是很开心地吃了一大碗。虽然我做的饺子几乎没有什么味道，但是看着母亲和邻居赞许的目光，我心里乐开了花，一下子觉得世界上没有什么事情能够难倒我，因为连这件从来没有做过的事情我都可以很好地完成，以后还有什么事情是我不能做的呢？我和弟弟的自信心仿佛一下子被点燃了，从那之后，我在做事的时候，惧怕失败的心理没有那么严重了，而一向胆小的弟弟也有点儿小男子汉气概了。

很多年之后，母亲才告诉我当年的真相，其实她根本没有生病，那天她是为了给我一个锻炼的机会假装生病的，她也希望通过自己的“示弱”缓和我们之间紧张的气氛。

在母亲没有假装生病之前，我一直觉得自己是一个很没用的小孩，总是从母亲那里得不到肯定和称赞，人也越来越自卑、孤僻，是母亲的“示弱”让我得到了肯定和信任，让我认为自己是一个很有用的人，而且能够完成一件看似很难、很伟大的事情，我感到很自豪，也变得很有自信。

孩子的心理是一样的，都希望从家长那里得到鼓励和称赞，而家长的“示弱”就是最好的方法之一。家长的“示弱”是对孩子的一种变相的激励和肯定，从而让孩子的内心产生一种自豪感和成就感。那些太过强势的家长只会有意无意地给孩子造成一种压抑的氛围，使他们不能自由、勇敢地说出内心的真实想法，严重的还会造成孩子性格的扭曲，使孩子变得不善言辞、羞怯、自卑、没主见等。家长应该学着让孩子充当自己的老师和保护者，激发他帮助、同情、照顾他人的爱心。

我曾经教过一个学生叫王思思，她给人第一眼的感觉就是过于安静，而且很敏感，平常不爱说话，也没有什么朋友，学习成绩也总是提高不上去。

我找她谈过几次话，发现我讲什么她都点头，当我问她我说了什么时，她又一脸的茫然，继而脸上竟出现了害怕和羞愧的表情，双手紧张地握着，一直不敢抬头看我，好像自己做了坏事。

通过几次家访，我看出了端倪。王思思的母亲是一家服装店的老板，而且是个标准的女强人，父亲是一家公司的经理，能力也很强。而且他们个两人的知识水平都不低，他们只有思思这一个女儿，一直期望女儿能成为他们的骄傲，但是女儿的表现让他们两个人很失望，于是妈妈三天两头地训斥，爸爸动不动就指责，孩子做什么都看不顺眼。就这样久而久之，思思形成了现在这样的性格——自卑又懦弱。

家长“恨铁不成钢”的心情我能理解，但是斥责和贬低孩子绝对不是一个可行的办法，假如家长选择放低姿态巧妙地在孩子面前示弱，让孩子通过完成某件事情发现自己是多么了不起和有能力，进而获得了满足感和成就感，那么孩子一旦建立了自信心后，就会产生很大的改变。

怎样让家长帮助自己的孩子增强自信心，是我一直在研究的课题，鼓励孩子是家长必须要学会的一堂课，但并不是每位家长都知道对自己的孩子要采取什么样的鼓励办法。

每次家长会或者家访的时候，我都告诉学生的家长要用鼓励的办法对待自己的孩子，但就像每个孩子都不同一样，每位家长也存在很大差异，所以并不是同一种鼓励方法适合所有的孩子和家长。对于王思思的情况，家长的适当“示弱”是比较有效的方法。

思思的家长在我的建议下运用了“示弱”这一鼓励方法，通过两个月的试验，他们发现女儿有了小小的变化，虽然不太明显，但是孩子偶尔敢于发表自己的看法了，也不像原来那么胆小了。

家长对孩子的“示弱”并不是纵容和宠溺孩子，而是为了让孩子有一种责任感，增强孩子的自信，改变孩子一些不好的性格和习惯等。

家长的“示弱”是促进亲子关系很好的方法和机会，也是让孩子学着成长的重要一步。

一个周末，我们一家人去游乐园里玩。儿子想坐海盗船，爱人就让我和儿子一起去玩，而他带着女儿去坐旋转木马了。我也很想和爱人、女儿一起去，但是又担心儿子年龄小会害怕。

“妈妈，你不要害怕，我已经答应爸爸要好好照顾你。待会你要是害怕的话，就抓着我。”儿子自信满满地说。

害怕？我的胆子一向很大，不过爱人这样对儿子说，一定是担心孩子会害怕，用我的软弱胆小激起孩子心中的英雄感和保护妈妈的欲望，这的确是增强孩子自信心和勇气的好办法。

于是我对儿子说："妈妈真的很害怕坐海盗船，可是又很想试试看，待会我肯定会吓得大叫起来，你一定要紧紧抓着我，不然我害怕自己会摔下去，还有不可以取笑我！"

儿子马上很严肃的像个小英雄似的对我保证说："妈妈，你就放心吧，有我在呢！其实，坐海盗船一点儿也不可怕，很安全！"

看着儿子不断地安慰我，还热心地给我讲解安全保障，我很高兴他这么关心我、保护我，而且第一次玩的他脸上竟然没有一丝害怕的表情。

真正的考验来了，当海盗船在空中来回晃荡时，儿子紧紧地抓着我的手，他大声鼓励我不要害怕的声音飘散在空气里，那一刻我觉得无比幸福，被儿子这样关爱着的我，感到前所未有的快乐和欣慰。

家长做一次"胆小鬼"又有什么关系呢？只要能够拉近和孩子之间爱的距离，让孩子做一次家长的"英雄"，享受被他照顾和呵护的幸福感觉，这一切都是很值得的，而且对孩子的成长十分有益。

策略性地退让，让孩子自己踢开绊脚石

挫折并不可怕，可怕的是人被挫折打垮；孩子遇到挫折并不可怕，可怕的是他不知道怎样面对挫折。遭遇挫折时，孩子的眼睛上就会突然出现一副放大镜，把小小的挫折看得很大，而把大的挫折看得无限大，并且认定自己永远没有战胜挫折的可能。

歌德说："流水在碰到抵触的地方，才把它的活力解放。"孩

子在遭遇挫折的时候，也正是增强他的耐压力、毅力和自信的最佳时机，人在最低谷的时候总会激发出一种潜在的能量，这种能量具有改变一切的神奇功力。

两年前我教过一个学生，他叫刘瑞，学习成绩属于中等偏下。他是单亲家庭的孩子，一直跟着母亲生活，但是和父亲的关系也不错，有几次家长会都是他父亲来参加的。

忽然有一天，我接到刘瑞妈妈的电话，说刘瑞不见了，让我帮忙问一下其他同学有没有看到。我马上问她发生了什么事情，刘瑞妈妈哭着说他的父亲出了车祸，已经离开了人世，本来他们父子约定周末要一起出去游玩的，刘瑞知道父亲出事后就失踪了。

这可是一件大事，刘瑞只有13岁，这个年龄段的孩子思考事情已经渐渐地成熟，有了自己的想法，一旦他心中有了什么决定，很可能冲动地做出一些傻事。失去至亲对孩子来说打击是最大的，他还没有完全自理的能力，突然之间失去最重要的依靠，他的心理承受能力一定达到了一个极限。

为了尽快找到刘瑞，我马上联系了他最好的几个朋友，经过一天一夜的全力寻找，终于在一家网吧里找到了满眼通红的刘瑞。

事情过去一段时间之后，刘瑞在母亲的劝说下，又来到了学校。我在刘瑞来学校的前一天就告诉了所有同学，一定不要用同情的眼光看待他，要和平常一样，但是要表现出自己的友好和鼓励，不要伤了他的自尊心。

第二天上课的时候，我看到刘瑞低着头走进了教室，这时，我语气温和地对他说："刘瑞，只有抬起头走路，你才能找到自己的座位！"

刘瑞的脚步停顿了一下，稍微抬了一下头，然后走到自己的座位前坐了下来。这时，他的同桌王阳悄悄地凑到他的身边说："教室后面的板报已经快出好了，只剩下你自己的一部分了，内容我们已经选好了，下课的时候你抄上去吧，要认真抄啊！"

刘瑞木然地点点头，头依然低垂着。我像往常一样上课，但是眼光总是放在刘瑞的身上，观察他有什么变化。

下课的时候，王阳把一张纸递给了刘瑞，我看到刘瑞看也没看，就拿起粉笔在教室后边特意留给他的空板上写了起来，不过他写一句，班里的学生就念一句，一开始的声音很低很乱，后来声音越来越高也越来越齐。

这件事情班里学生们之前并没有商量好，他们那发自内心的对同学的关爱和鼓励让我深深感动，而那首不但让我也让刘瑞泪流满面的诗是普希金的《假如生活欺骗了你》：“假如生活欺骗了你，不要犹豫，也不要愤慨！不顺心时暂且忍耐，相信吧，快乐的日子就要到来。我们的心儿憧憬着未来，现在总是令人悲哀。一切都是暂时的，转瞬即逝，而那逝去的也将变得可爱。”

人的一生是漫长而充满坎坷的，就像在大海里航行的船只，总会遇到狂风暴雨。孩子的一生势必会遇到很多挫折和挑战，所以他们必须要具备承受挫折的能力，不断地增强自信和勇气。

现在的孩子物质生活都比较丰富，想要什么家长都会尽力去满足，家长也会尽力替他们扫除人生道路上的一些障碍，希望孩子的路走得顺畅，于是孩子缺少了很多对于失败和挫折的尝试，显得很脆弱，受不了委屈，甚至家长一句话不顺孩子的意，他就任性地撒泼，和家长闹别扭。

一天，爱人的同事带着自己7岁的小女儿盼盼来我们家做客，我就让妞妞和盼盼在一边玩，谁知道刚玩了一会儿，两个小女孩就吵了起来，然后都哭着找妈妈。

我问妞妞是怎么回事，妞妞哭着说：“她说我画的画很丑！”

平常妞妞画的画总是得到大家的赞赏和认同，这次被别人说自己画的画难看，显然打击了孩子的自信心，不过，我并没有马上对她说是盼盼的不对，因为这样说显然会打击另一个孩子。

爱人的同事显得有些尴尬，他又怕伤了孩子的自尊心，也不舍得批评孩子，只能尽力哄着两个孩子。

我把两个还在哭泣的小女孩叫到了一边，让爱人和他同事继续聊天，为的是让两个孩子摆脱父亲给他们的依靠。

我先问盼盼：“你觉得妞妞画的画哪里不好呢？”

盼盼说：“她画的花是蓝的，妈妈说花都是红色的。”

妞妞委屈地看着我，我笑了一下说：“盼盼说得没错，花是红的，但是花也有蓝色的，还有白色的、粉色的。阿姨有一本很好看的画册，给你看好不好，看完后，你和妞妞一起画画好不好？”

盼盼一看到鲜艳的画册，马上不哭了，而且还拉着妞妞一起看。妞妞一开始有些不愿意，但是看到我鼓励的眼神，也开心地和盼盼玩了起来。

晚上，爱人抱着眼神有些哀怨的妞妞看着我，原来小丫头还在对白天的事情耿耿于怀。爱人也觉得我做得有些欠妥，明明是自己的女儿做对了，为什么没有得到我的肯定。

我对爱人解释说：“妞妞在画画方面一直都在受着鼓励和肯定，我觉得她应该偶尔经受一点儿小挫折，她在受到委屈和误会的时候，还能和小朋友玩得这么开心，而不是任性地跑开，或者对家长哭闹撒娇，我觉得她做得非常好。而且你没有发现吗？后来她和盼盼共同欣赏画册时，有些自豪和得意地指着蓝色的花，而且脸上还有自信的笑容。”

我就是想通过这样一件小事，让女儿自己证明她是对的，我相信这比我去证明她是正确的，对她产生的作用会更大。

孩子遭受挫折时，往往第一时间就会去寻求帮助和依靠，家长就是他们寻找安慰和依靠的最优选择。而且孩子很善于模仿自己的家长，假如家长在面对困难时总是表现出一副很难解决或者世界末日的样子，那么孩子也会受到影响，他们在遭遇困难时也会把困难夸大，像家长那样，把自己的信心和勇气打压到最小，看不到事情解决的希望。

不让孩子放大挫折的第一步，就是家长首先要把挫折看得很小，教会孩子勇敢自信地正视挫折，鼓励孩子面对困难，并帮助他找出解决困难的办法，当孩子经过挫折的不断打压，从中获得了更多的自信和力量时，他就不会像原来那样惧怕挫折了，反而因为有了足够的自信心和耐挫力，更容易取得成就。

良性循环鼓励，不断强化孩子的优势

中国历来有句俗语，让我印象很深刻，那就是："张飞粗中有细，诸葛细中有粗。"为什么我会对这句话情有独钟呢？因为这句话让我明白任何一个人都是有优点的，但是人们往往只偏重在一点上，而看不到某个人身上其他的点。

人们总是习惯把张飞定性为一个粗犷、简单的草莽英雄形象，而忽略他也有细心、机智的一面。这就像很多家长简单地给自己的孩子定性，或者主观上为孩子选择认为最适合他的东西，而没有深切地了解孩子的真实个性和本身的优势，以及他真正需要的是什么。

我从小就希望自己长大后成为一名出色的音乐家，但是因为家庭的原因，我并没有接触专业的音乐学习。长大后结婚生子，也没有更多的心思放在曾经的梦想上，我现在最喜欢的一位音乐家就是朗朗，所以我很希望自己的孩子能够成为像朗朗那样的钢琴家。

一开始我把自己的这个愿望放在了儿子鑫鑫身上，但是他一点儿也不喜欢钢琴，反而对打篮球很钟爱。虽然我也花费很多精力并使用了许多招数让他走进钢琴教室，但是他总是想尽一切办法把更多的精力放在篮球上。我知道孩子的兴趣是不可以强求的，但我一直坚信是可以培养的，而且我也尽力去想出很多好办法，让孩子加深对钢琴的兴趣。

后来，鑫鑫变得不讨厌钢琴了，甚至也愿意去上课了，我还从心里得意自己的这种教育方法，让儿子喜欢上了钢琴。然而，过了很长一段时间后我发现一个问题，鑫鑫是不讨厌钢琴了，但是他的钢琴水平不但没有提高，反而比之前下降很多。而且据钢琴老师反应，这孩子在上课的时候常常心不在焉，总是出神地望着窗外。

孩子虽然还没有成年，但是他已经有了自己的看法和见解，我能明显感觉得到，他在钢琴方面并不擅长，但是执拗的我还是希望儿子可以帮助我完成小时候的梦想。

直到有一天，我们母子的关系因为钢琴和篮球发生了一场没有硝烟的战争，连续一个星期我们谁也不理谁，整个家庭的气氛十分压抑。爱人实在看不下去了，就召开了一次家庭会议，让我和儿子说出自己内心的想法。

我对儿子说："我知道你很喜欢篮球，但是钢琴你不是也喜欢吗？为什么不把更多的精力和时间放在钢琴上呢？"

儿子虽然小，但是勇于表达自己的想法，他说："妈妈，我学钢琴不是为了我自己，我不讨厌它，并不代表我喜欢它、擅长它，说实话，当我的十根手指放在钢琴上时，我真的不知道怎么让那些黑白键听我的话。如果是篮球就不一样了，我会觉得球是长在我的手上的，我能够控制它！"

"你学钢琴不是为了你自己是为了谁？我看你就是给自己出去玩找一个借口。"我有些生气地说。

儿子委屈地看了一眼爱人，爱人给了他一个鼓励的笑容，然后他郑重地对我说："妈妈，我学钢琴是为了你，你让我学钢琴也是为了你自己，是你自己想要成为钢琴家而没有机会，所以把全部的希望放在了我的身上。你内心明明知道我更擅长打篮球，而且最近学校要选拔出色的球员，组成篮球队去参加全省比赛，我希望你能让我参加！"

这时，爱人也对我说：“你不要把自己的梦想强加在孩子的身上，更不要让他去做他不擅长的事情。难道你没有发觉最近一段时间他变得焦躁了，以往自信、开朗的笑容也少了很多。钢琴并不适合他，用来增加他的修养就够了，不要让钢琴毁了孩子的自信心！”

爱人的话就像警钟一样，敲响了我内心最脆弱的神经，我本来也不愿意强迫孩子去做自己并不喜欢和不擅长的事情，但是期望孩子成功和完成自己梦想的想法，让我为孩子选了一条错误的路，幸好现在这条路能够及时被阻断。

“我知道今天这场谈话是你们父子俩串通好的，要不然鑫鑫怎么会说出那样的话。不过，我也是一个开明的妈妈，既然你不喜欢钢琴，我从今往后就不逼迫你去学了，但是如果你要参加篮球队，就算以后成不了乔丹，也要向姚明看齐！”我对儿子说。

一听我说完，儿子开心地在屋子里大叫起来，兴奋地说：“我有一个世界上最好的妈妈！”

看着儿子开心的笑容，我突然觉得自己之前的做法有些愚蠢，犯了天下所有母亲几乎都会犯的错误，希望孩子按照自己的想法成长，而没有真正看清孩子的优势是什么，孩子做什么才能让他露出自信的笑容。

假如有一天，我的孩子真的像我期望的那样成为一名钢琴家，那他在演奏的时候不会从心底发出快乐的笑容，他的内心可能只是在想：这是妈妈的梦想，我只是在替她演奏而已！一旦孩子在音乐事业上遭受了挫折，他很可能走不出这个困境，因为他没有自信，从一开始就没有。没有自信的人生，没有自信的生活，又怎么能走出一条充满快乐的成功之路呢？

我们要根据孩子不同的特长优势让他们选择自己喜欢的或者最擅长的去学习，这样就能更有效、更快速地增强孩子的自信心。优势可以让孩子更快地学会自我认同，从而像加速器一样更快地产生自信，而有了自信的孩子，在做事情的时候，无论是成功的概率还是抗压的能力都会比那些缺少自信的孩子高。

等到有了妞妞的时候，我没有像当初对待鑫鑫那样让她学钢琴，当然我也让她去练习了一段时间，发现她好像对钢琴的兴趣不大，反而很喜欢画画，于是我就全力支持她学画画。

这几年通过对她画画的观察我发现，女儿从画画这件事情上得到的自信明显比从其他方面得到的要多，因为她在画画上总是能得到更多的赞同和表扬，而在不擅长的事情上就很少获得别人的关注和称赞，所以她总是喜欢把更多的时间放在画画上，进步自然很快，小成就也取得了不少。

我认为这就是孩子的一个良性循环，当他从某一件事情上获得他人更多的赞扬和认同时，他的内心就会产生一种强烈的自豪感和成就感，自信心得到加速提升，于是为了获得更多的赞同，他就会在这件事情上投入更多的热情和精力。至少孩子会认为在这件事情上他的成功总是会大于失败的，随着孩子自信的增加，在处理其他事情的时候，他的耐挫力也在无形中得到加强。

我在教课的过程中发现有很多学生在学习的时候，有自己不同的学习方式，但是因为在家长眼里是“缺点”而被制止，这也让很多孩子苦恼。例如我有一个学生，他平常喜欢把所有要学的东西都抄好几遍，然后才能记住。有一次，我让学生们背一篇 3000 字的文章，这个学生一夜没睡，连着把这篇文章抄了好几遍。第二天早上，他的家长就来找我，问我是不是罚孩子写作业。我把这个学生的状况告诉了他们，结果回到家之后，家长就让孩子拿着书背，不准写。几天之后，这个孩子一段也没背下来。

其实，有很多孩子像我这个学生一样，喜欢用抄写的方式去记住内容，而且这种方式对他们而言更快、更有效，但是因为看起来是一个“笨方法”，而且浪费时间和精力，很多家长和老师并不赞同这种方法，于是就加以制止。孩子失去了有效的学习方式，同时也失去了自信，失去了想要成功的欲望，因为他们认为其他方法并不能像这种方法那样，能够让他们更快地获得知识。

这只是一个很小的事例，孩子在学习和生活的过程中，还会遇到许多类似的事情，家长一定要注意。孩子成功的能源是自信，而孩子的优势能为他带来更多的自信，从孩子的优势出发，为他增加自信，为他的成功之路增加更多的快乐，这是每位家长都能为孩子做而且应该去做的。

心理测试：你的孩子属于敏感的人吗？

由下面这个小测试看看你的孩子是否属于敏感的人。

1．当别人指出孩子对一件事情处理得不正确的时候，孩子是否会找一堆理由搪塞？

A．是

B．两者之间

C．不是

2．孩子发现他十分崇拜的偶像做了一件错事时，孩子还会继续崇拜他吗？

A．是

B．两者之间

C．不是

3．孩子是否讨厌谣言却有时又会做谣言的传播者？

A．是

B．两者之间

C．不是

4. 孩子在和人辩论的时候总认为自己是最正确的吗？

A．是

B．两者之间

C．不是

5. 即使遇到一件小事，孩子也要向别人详细地说一遍吗？

A．是

B．两者之间

C．不是

6. 在坐车时，看到别人用手摸了一下鼻子，孩子会认为对方是在嫌弃自己的气味吗？

A. 是

B．两者之间

C．不是

7. 孩子诋毁过某人之后会有愧疚感吗？

A．是

B．两者之间

C．不是

8. 当别人不同意孩子的观点时，他会生气吗？

A．是

B．两者之间

C．不是

9. 当大家不相信孩子的话时，他还会继续说下去吗？

A．是

B．两者之间

C．不是

10. 当孩子被朋友背叛的时候，他会把厌恶表现在脸上吗？

A．是

B．两者之间

C．不是

11．孩子是否在帮助别人的时候计较报酬？

A．是

B．两者之间

C．不是

12．孩子很少先和别人打招呼吗？

A．是

B．两者之间

C．不是

13．孩子在穿着方面经常和人攀比吗？

A．是

B．两者之间

C．不是

14．看到玻璃外的灰尘时，孩子是不是会下意识地捂鼻子？

A．是

B．两者之间

C．不是

评分标准

选A得10分，选B得5分，选C得0分。

测试分析

60分以下：敏感程度较轻。这种孩子比较乐观，对外界伤害的免疫力很高。

60～115分：敏感度为中等。这种孩子受伤的机会较下一类孩子少，但也有些敏感，并且偶尔也会神经质一下。

115分以上：过分敏感。这种孩子异常敏感，外界的一切都会在他的心中留下痕迹。这种孩子经常处于紧张的警戒状态中，且受到打击后不容易痊愈。

家长对孩子最大的担忧往往都是学习成绩，排除一些生活中的个例，作为一个人成功的大众路线，是否适应学校教育往往对孩子的人生起着关键性作用。孩子学习成绩提高不上来，家长应该从根源上找原因，并为孩子制订适合他的学习计划。

第四章 爱上学习有方法——剖析成绩差的心理原因

4

厌学的情绪
——学习目的不明确和期望值高的产物

学习知识是人生中非常重要的事情，现在来自各个方面的压力会导致部分孩子出现“厌学”情绪，其表现为对学习失去兴趣，把学习看成是一种负担、一件很痛苦的事情，会经常逃学或旷课，严重的甚至辍学。作为家长，责任就是为孩子的学习做好引导，让孩子会学习、想学习，同时帮助孩子取得良好的学习效果。

一些孩子在学习的时候，始终没有弄明白这个问题：为什么要学习？他们的回答大多是：为了考试、为了成绩……还有相当一部分孩子会说是为了父母。在他们的作文里，往往会出现这样的语句：

“我一定以优异的成绩报答我的家长、老师。”

“我在爸爸妈妈的眼中就是一个学习的机器人。”

“爸爸妈妈除了关心我的学习成绩以外，根本不知道我真正需要的是什么。”

“家长每天时时刻刻都在说，学习是当前的首要任务，都快烦死我了！”

……

学习目的不明确容易让孩子在学习过程中产生厌烦、枯燥等负面情绪。

对于相当一部分孩子来说，他们自然无法真正领会“知识改变命运”的深刻含意。学习对孩子们而言，并不是心甘情愿地去享受，而是“父(母)命难违”下的被动执行。

在日常生活中，我也经常能听到不少家长对孩子学业的抱怨和不满，有的家长说孩子没有上进心，没有学习的主动性；有的家长说学习成绩成为孩子索要礼物的筹码；有的家长无奈地说孩子经常说：“只要不写作业，做什么都行……”家长在说这些话的时候，可曾扪心自问，是否帮助过孩子确立学习的目的，给孩子以学习的动力？

正确的学习目的对孩子的学习有着很重要的作用。如果一个孩子的目标十分明确，那么在他的意识中，前面就总有个十分清晰的目标吸引着他，这会使他增强责任心，自觉地、积极地去学习。

家长应该让孩子认识到学习的目的是为了获取知识，而不仅仅是为了分数。比如，我有一个学生考试时，有一道数学题他认为自己做对了一半，却被老师判为全错。当时，他的妈妈让他去问数学老师，但他不愿意去，因为他认为数学老师肯定不会给他把分加上。妈妈就利用这个机会告诉他，去问老师的真正目的是和老师讨论这道题的正确解法，而不是为了加分数，因为分数远没有知识重要。

家长还应该告诉孩子学习不是死记硬背，关键是灵活应用，学习的目的不是看你记住了多少东西，而是看你能否利用它解决实际问题，学习只是手段，通过学习做到能够实际应用才是真正的目的。这样，孩子就会动脑筋去想实际的学习应用，这种学以致用的方法要比单纯死记硬背的学习理念活泼得多，至少不会令孩子感到枯燥。

家长一定要让孩子意识到学习的目的是什么，这样才能保证他们努力学习的长久性和健康性。

另外，一些家长的期望值过高，也会导致孩子产生厌学情绪。

都说“望子成龙，望女成凤”，通过这句俗语就可以看出，家长对孩子的期望值有多高。现在的家长为了能让孩子有一个优秀的学习成绩，不惜花费大量的金钱和时间，然而家长对孩子的殷切期望会实现吗？让我们先来看看家长对孩子的期望究竟都是什么。

几乎每个家长都对自己的孩子抱有很高的期望和美好的想象。

他们期望孩子有天赋、聪明，什么都要出类拔萃，最好是个神童。很多家长自己没有实现的愿望都希望能在孩子身上实现：如果自己没有进入名牌大学，他们就希望孩子能成为清华、北大的学生；自己体育不好，就希望孩子能成为奥运健将；自己不懂音律，就希望孩子成为另一个肖邦。也就是说，家长在某方面不成功，通常就会希望孩子在这方面获得成功。他们把孩子看成是他们的第二次生命，送孩子去学弹琴、书法、绘画等，并施加很大的压力，不允许孩子落后于人。他们不愿正视自己孩子的能力，对孩子的期望值大都不切实际，这样只会把孩子弄得疲惫不堪，压力重重。在此过程中，家长对孩子永无休止的要求，往往会导致孩子不堪承受心理压力，最终事与愿违，留下遗憾。

许多家长把孩子作为自己唯一的精神寄托，在“厚望”之下成长起来的孩子往往心理负担沉重，有些心理承受能力不强的人，受不了这样的心理压力，便索性走向不好的方面，变得不思进取、自暴自弃，甚至“破罐子破摔”。这种有意或者无意的表现，目的是让家长把对自己的期望值降低，自己也能够喘口气。也有一些孩子，为了家长、为了成绩能够发奋学习，但是长期超负荷的压力，对他们的心理伤害很大，一旦在某一天超出了心理承受的极限，便有可能导致极端行为，这样会对孩子产生更大的伤害。

对孩子的期望值过高会给孩子造成极为不利的影响，其中最明显的是以下几个方面：

1. 过高的期望容易给孩子造成巨大的心理压力

很多家长为了给孩子选择一所好学校，不惜动用所有的社会关系，花费大量的金钱，他们认定孩子进了好学校就等于进了一个成才的保险箱，跟学习成绩好的同学在一起有利于自己孩子的学习。可是他们不知道，自己的孩子实际能力也许没有那么高，在重点中学里属于比较落后的群体，时间长了，他们学习的积极性会受到很大的打击，因而产生巨大的心理压力，影响学习成绩。

2. 过高的期望会造成孩子品德、情感方面的缺陷

如今无论是在家里还是在外面，有什么好吃的东西，家长总是先给孩子吃。这是家长教育的普遍失误，认为只要对他好，他就会感激、顺从家长，用成人的思维代替了孩子的思维，结果造成许多孩子情感的缺失。很多家长在孩子的业余时间送他们去参加奥数、英语、作文等多种学习班，过分看重孩子的成绩，却不注意与孩子进行交流沟通，忽视了对孩子品德的教育，很容易造成孩子品德上的缺陷。

3. 过度要求学习成绩很容易使孩子的性情变得懒惰

目前，很多学生不愿意运动，不注重锻炼身体，导致青少年的身体健康状况整体呈下降趋势。还有很多学生表现出怕吃苦、娇气的特点，这也与家长只看重孩子的学习成绩有很大的关系。因此，家长应该正确衡量孩子的能力，做出相应的教育规划。

4. 家长期望过高造成的压力也会使孩子感到无望

处于无望中的孩子长期感受不到快乐，内心会变得非常脆弱，甚至会产生心理问题。

由此可见，过高的期望值会让孩子更加厌学，给孩子的身心健康带来了巨大的伤害。现在的中小学生普遍感到学习压力大，有着强烈的厌学情绪，一旦在现实生活中遭遇失败，特别是当无法解决在学习和生活中遇到的各种问题时，就会选择逃避，为了摆脱在学习上的“弱者”地位，寻找能够满足成就感的替代品，很容易就会选择网络，误入歧途。认识到了问题的严重性，家长就要正视孩子的能力，不要让自己不恰当的期望成为孩子的负担。

防止作弊，从增强孩子的信心着手

目前，孩子考试作弊的现象日趋严重，几乎在每次考试中都能发现作弊的学生。严格的考试制度似乎不足以对孩子产生警示作用，这是为什么呢？因为很多孩子的心里或多或少存在着不自信感。

其实作弊并不可怕，可怕的是孩子不能拥有正确的心态。家长应该正确地引导孩子，让他们在充分肯定自己能力的同时，做一个勤奋、诚实、自信的人。

有的孩子平时怕吃苦，不肯下功夫学习，可看到同龄的伙伴取得了很好的成绩时，又十分羡慕，在虚荣心的促使下，去抄袭、窃取别人的劳动成果也就不足为奇了。有的孩子平时表现不错，是学生骨干、三好学生，但是他们有时也会作弊。他们作弊不是因为不懂如何学习，而是觉得自己学得不够好，担心自己考不出原有的好成绩，在这种压力的促使下也开始抄袭。

不管是因为羡慕别人，还是因为学习的压力迫使孩子在考试中作弊，归根结底都是对自身能力的怀疑所致。而在这种怀疑的背后，依附着孩子内心各种复杂的心理。

1. 依赖心理

孩子在幼儿时期的自我意识很薄弱，而且家长都把他们当作宝贝一样看待，做事情时也是一手包办。这就会导致孩子缺乏对事情的思考能力，依赖性较强。孩子认为作弊是他们应对考试有效的手段和方法。那些经常作弊的孩子，会产生不同程度的依赖性，导致他们是非不分和人格不健全，长此以往，对孩子今后的发展是非常不利的。

2. 虚荣心理

由于孩子的思维意识很弱，缺乏诚信思想，加之学校和家长缺少对于诚信的教育，使孩子在成长过程中缺乏一个良好的诚信环境，于是导致了孩子考试作弊现象的存在。孩子认为，对于可以轻而易举获得的荣誉，不要白不要，因此作弊也就成了必然。

3. 投机心理

有的孩子在学习的过程中，受到了各种因素的影响，没有明确的学习目标，因此对自己的学习放松了要求，贪玩、怕吃苦，等到了考试的时候就想用投机取巧的方式来取得好成绩。

4. 冒险心理

有的孩子由于学习基础薄弱、学习态度不端正，长久下来学习成绩越来越差。孩子由于怕家长责怪他们没出息，又担心被老师责备，来自双方面的压力，很自然地使孩子产生了作弊的意识倾向，即使作弊的后果再严重，他们也会冒这个险把自己的成绩提升上去。

5. 心理不平衡

有的孩子在平时学习的过程中很努力，但是每次考试的成绩都不理想，面对那些因作弊而提高成绩的“后进生”，他们心理上就产生了一种不平衡感，于是受作弊孩子的影响也自动地加入了他们的行列。

面对孩子的种种心理，家长绝不可掉以轻心。往往一时的疏忽，就会对孩子的前途造成恶劣影响。

孩子的心理有着很强的可塑性，如果家长能正确地引导孩子，让他们成为对自己充满信心的人，那么，孩子在任何时候都会相信自己，也就不会做出作弊这样的行为了。正如莎士比亚所言，自信是走向成功的第一步，而缺乏自信往往会成为失败的祸首。

因懒惰而废学，如何让孩子变得努力

生活中没有天生的懒人，如果孩子在学习过程中出现懒惰心理，我建议家长找找原因。父母有责任为孩子驱除他们心里的那条“懒虫”，不要让懒惰的恶习危害到孩子。

获得知识不是轻而易举的事情，需要人们不断地努力和学习，集中自己的精力，不断地进取。勤奋永远是成才的钥匙和第一推动力。如果孩子具备了勤奋的品质，那么他就拥有了一半的成功。所以在平常的生活中，作为父母，一定要纠正孩子身上那种懒惰的不良习惯，培养孩子勤奋的好习惯。

在日常生活中，家长要有意识地用自己的言行引导孩子，让孩子知道，分数只是一个数字，它并不能代表孩子的一切能力，在学习的过程中靠自己的勤奋和努力获取知识才是最重要的。当然，父母也应该知道，并不是每个孩子都能名列前茅，毕竟第一只有一个，所以在引导孩子的学习过程中要保持平和的心态，不能让孩子在压迫感中学习，要让孩子自觉养成勤奋、刻苦的品质。

现在社会上有很多勤奋的孩子通过自己的努力考进好大学的例子，他们不一定比别的孩子聪明，也许他们所在的学校并没有很高的教学质量，但他们终究依靠自己的勤奋取得了骄人的成绩。

在剑桥大学读书的孟雪莹是一个勤奋的女孩，她最讨厌的就是那些不劳而获的人。她的父母从小就用“头悬梁，锥刺骨”的故事来教育她。受到父母耐心教导的她在上学之后，严格要求自己每天早晨 6 点半起床，在庭院里早读半小时，7 点钟吃完饭后去学校上课，晚上 6 点半就去上晚自习，一般都自习到 10 点才回家睡觉。她有着很规律的生活和学习习惯，而且从小到大一如既往地遵循着这个规律。在她看来，在学校上自习，既有老师的辅导，又可以和同学一起探讨知识，学习气氛十分浓厚。所以，孟雪莹每天晚上都坚持去学校上自习。

孟雪莹小小的年纪就对勤奋有着自己的看法，读高中时，她在日记本里这样写道：“理想好立，目标好定，但难的是实现目标的过程。人多多少少有点儿惰性，在目标确定时，信誓旦旦，但真正实施目标的时候，却只是3分钟热情……学习的确是一件苦差事，作为一名学生，每天早晨太阳还没有升上来，我们就得背着书包去上课，晚上月亮已经挂在了天上，我们才能往家走。所以说，我们事实上是一群很难见到太阳的人。在高强度的学习压力下，只有锻炼自己的毅力，刻苦勤奋，才能在成功的路途上迈出坚实的一步。”

其实勤奋就是在日常的点滴中体现出来的，从琐碎、微小的事情中慢慢地培养，久而久之，刻苦、勤奋的习惯也就养成了。

正如孟雪莹自己在日记中说的：“成功的取得更大程度上是依赖于实践过程，谁付出的勤奋和汗水多一些，谁的毅力更强一些，谁坚持得更久一些，谁就能取得成功。”

那么父母怎样才能让孩子养成勤奋、刻苦的好习惯呢？我建议家长做到以下几点：

1. 培养孩子的学习兴趣，激发他们求知的欲望

在这个过程中，父母要做到与孩子沟通并融入他们的世界里。在孩子小的时候就应该给他灌输“不懂就问”的思想来激发他们的求知欲。有时家长可以装作不懂的样子问孩子，以此表扬孩子聪明，鼓励孩子再接再厉，这样就会激起孩子学习的欲望。

2. 正确对待孩子提出的每一个问题

孩子从小就很喜欢问问题，不要认为孩子烦就随便敷衍了事。对待孩子一定要有足够的耐心，孩子在问你问题的时候，可以反过来鼓励他开动脑筋，启发他的自主思维，培养他独立思考的能力。

3. 肯定孩子做出的每一分努力

这就需要家长从自身做起，用自己的言行来影响孩子，如果父母勤奋努力地工作，那么自己的孩子同样会勤奋努力地学习。当孩子好学时，父母就要抓住适当的时机，肯定孩子的努力，因为每个孩子能力各异，家长要善于发现孩子与众不同之处，并采取相应的对策，使孩子扬长避短。

孩子惧考，压力来自家长的期望

考期越近，考生的心里就越紧张，有的甚至到了茶饭不思、夜不能寐的程度，这对于即将到来的考试有百害而无一利。来自外界的压力是诱发惧考等不良心理的重要原因。家长对孩子的期望值过高，不恰当地鼓励、许愿以及与此相反的冷落、放任甚至威吓等，都会给考生的心理造成巨大的压力，使他们惶惶不可终日。家长应该给孩子制造轻松的氛围，针对孩子的个性进行合理的引导，让他们保持心态的平稳，战胜恐惧心理。

有个农夫自己做了一把斧头，斧刃本来是很锋利的，但由于他使用不当，斧刃钝了。农夫的脾气不好，他对于斧刃钝了这件事情很恼火，并将一切过失归在斧子的身上。

“你这不中用的东西！”他气愤地咒骂道，“你还有什么用处呢？告诉你吧，从现在起，我再也不会用你来砍制梁柱了，你只配去砍花园里的小树苗，除此之外，别无他用。凭借我的才智和勤劳，再加上高超的技术，根本不用依靠你，照样能把房子建起来。我用小刀也完全能够随意地把木头加工成我想要的样子，别人用斧头做不到的，我却能用小刀办到。”

斧子尽管受到了无端的责骂和侮辱，但还是低声地说：“我生来就是听人指挥的，人们让我怎么砍我就怎么砍。砍制梁柱也是一样，完全由您自己控制。主人啊，我从不去想别的什么，只想为您出力，按照您的意思去做。可您不妨仔细瞧瞧我的刃口就明白了，您只管用，还责骂我，但从未加以磨砺，刃口自然就变钝了。您想用一把小刀来建房子是绝对办不到的。”

这是一则寓言故事，其实在子女教育问题上，家长往往充当了农夫的角色，孩子则充当了斧子的角色。很多家长用自己过高的期望要求孩子，一旦孩子做不到，家长就一味地指责，却从来不从自身上找原因。假如我们把孩子比作一棵树，树冠是孩子的智慧，树干是孩子的身体，树根则是孩子的心灵，是孩子的生命之根。树冠代表着孩子头脑中学习到的知识和技能，是孩子在健康身体和健全人格基础上的发展延伸。只有孩子的心理健康，才能更好地学习文化知识。

家长对孩子期望过高，给孩子造成了巨大的心理压力，他们害怕成绩不好会被家长责骂，“惧考”心理由此产生。想从根本上使问题得到解决，消除他们的恐惧心理，还要从家长做起，改善不科学的教育方式。平时尽力给孩子创造轻松和谐的学习环境，帮助孩子做到劳逸结合、有张有弛，不使孩子在心理上有过重的负担。并且根据孩子的实际能力，对孩子保持适当的期待水平，这样自然也就减轻了他们的心理压力。

如果家长自己也认为学习是痛苦的，就会在不知不觉中把这种痛苦的感觉传给孩子。一旦孩子认为学习是痛苦的，就会停止自我成长，时间一长便会养成习惯。于是每到学习的时候，大脑里就会感觉到痛苦，不想再继续学习。

面对这些难题，家长应当采用引导的方法，使孩子正确认识考试的意义。为了改变孩子对考试的偏见，家长应该多和孩子进行坦诚的交流。通过交谈，让孩子认识到考试只不过是检测学习情况的一种手段，是对自己某一阶段学习的检查与总结。一次考试结果的好坏，并不能完全反映一个人的知识水平，更不能决定人的命运和前途。考试是学习的方法之一，孩子对考试有了充分、清醒的认识，才能从容自如地应试，发挥出自己的真实水平。

家长想让孩子走向求学的成功之路，无疑也要做好足够的准备，其中包括心理和行动双方面的准备。

在心理上，要采取得当的措施使孩子体验成功感。兴趣总是和成功连在一起的，要提高孩子的学习兴趣，首先要使他尝到成功的滋味。家长要耐心引导，具体帮助，使孩子体验到克服困难获得成功的乐趣。如果孩子的数学好但语文差，做功课时，安排他先做数学，然后再做语文。如果程序相反，孩子一开始就碰到了困难，后面就没信心了，不但语文做不好，数学也难取得进步。指导孩子做作业时，先让他做一些简单的题目，肯定他的微小进步，表扬他某一方面的成功，使其信心倍增，然后再让他做些较难的题目。一旦孩子的成绩有所提高，原来减弱的兴趣又会增强，再遇到考试，就不那么害怕了。

在行动上，俗话说“欲速则不达”，在平日里不能强迫孩子学习。如果逼得太紧，孩子会变得焦虑、不耐烦，使他感到学习是件“苦差事”，潜意识中产生反抗的情绪。若家长再加以责骂，后果则不堪设想。当孩子学习遇到困难、成绩不好时，想方设法给以鼓励、引导，提高其学习的积极性，使孩子保持浓厚的学习兴趣。此外，不要拿别人与孩子比较。当孩子取得一点儿进步时，要善于表扬。当他成绩有所下降时，不要将他与别人比较，否则孩子会产生反抗或自卑心理，总认为自己不如别人，不自觉地放弃进取。当遇到考试的时候，孩子就会把这种“不如人”的思想带进考场，增加了心理压力。

当临近考试时，家长可以有意识地做如下准备：

(1) 倾听孩子提出的问题，并与孩子展开讨论，注意他的情绪。

(2) 帮助孩子建立自行解决问题的信心。

(3) 强调在家读书、玩耍及进餐要有规律，教育他要有计划地利用时间。

(4) 大声朗读。家长可以先给孩子朗读，然后让孩子给家长朗读。在朗读时，无形中使孩子内心的恐惧和压力得到宣泄。

(5) 了解你的孩子在学习上的强项和弱项，对于弱项，给予科学的指导。

(6) 让孩子在家庭活动中把认真负责和严守时间的优点表现出来，从而促使他将这种优点带到考试中去。

(7) 在家里为孩子安排一个安静的学习环境，并适当准备一些参考资料。

孩子的偏科，给了家长发掘天赋的机会

每个人都不可能均衡发展各项能力，孩子也是一样。在学习上总有他喜欢的和不喜欢的科目，但只要成绩差距不是特别大，我认为家长完全没有必要担心。由于目前升学是看总分的，所以家长总是对孩子较差的科目反应过激。为了让孩子将来能上一所好大学，有个好前程，家长总是极力要求孩子把每一科都学到最好。

在基础教育阶段，让孩子的各项素质都有所发展固然没错，但也完全没有必要对孩子的偏科担心不已，总是想把孩子培养成“全能战士”的家长绝不是好家长。要知道在社会上没有全才，能在某个领域有所建树已经难能可贵了。所以，家长不妨换个角度看待孩子的偏科问题。

有时候偏科并不是孩子有缺陷，反而可能是在某方面有异于常

人的天赋。如果家长总是盯着孩子的差科不放，就有可能忽视孩子的天分，最终把本可以在一些领域有所成就的孩子“打造”成了庸才。

换一种心情，换一种态度，也许家长会发现，孩子的差科其实并不比普通人差，而是他的优异科目比别人强太多了。假如真是如此，这时家长要做的就不应该是逼迫孩子把其他科目学得像擅长的科目一样，而应该循循善诱，激发出孩子更多的天分，使他对优势科目产生更强烈的兴趣，着重培养他的强项，最终让孩子在此方面有所建树。

胡劲原本只是个普通的孩子，后来他被保送进清华大学，并得到了著名教授的赏识，这一切都应归功于他那擅长教育的家长。胡劲的家长都是有心人，他们对胡劲的学习从未施加过压力，而是从旁观察孩子的兴趣，并适时地加以引导。胡劲读小学五年级的时候，对马桶的工作原理突然产生了好奇，他觉得马桶能够自己冲水、加水很神秘，总是想弄个明白。于是有一天，他趁家长不在家的时候便动手拆了自家的马桶，由于研究得太专注了，直到家长回来他才发觉糟糕了，因为马桶装不回去了。胡劲做好了挨批评的准备。谁知道家长不但没有责怪他，还耐心地给他讲解和马桶工作有关的物理知识。从此，胡劲对数学产生了浓厚的兴趣，并渐渐表现出了在物理方面的天赋。胡劲的家长又因势利导，送他去物理兴趣学习班，直到现在，胡劲对物理的兴趣丝毫不减，而且成绩也越来越优秀，物理学家的光环在他身上已经隐隐可见。很多人都羡慕胡劲的家长，说他们幸运，有个懂事又好学的好儿子。但实际上，应该说胡劲是幸运的，他有一对懂得因势利导的好家长。

每个孩子都有他的天分，也都具有无穷的潜力。问题是当孩子在某些方面表现优秀，而在某些方面表现相对普通时，家长看到的究竟是优秀的孩子，还是“不争气”的孩子？换一个角度看待孩子的偏科吧，只要其他科目不是真的很差，就不要硬逼着孩子学到最好。让他快乐地徜徉在自己喜欢的“海洋”中，最终家长会发现，孩子在不知不觉中已经超出了自己的期望，正踏上属于他的成功之路。

每个家长的心中可能都已经为孩子设定好了未来，总是希望孩子能够顺着自己设定的路线走下去。其实，这种设想根本不是为了孩子，而是为了家长自己。如果家长在心中给孩子铺好了一条路，不妨仔细想想，这条路上有多少是自己曾经的理想，有多少是自己的喜好，还有多少是自己未曾实现的愿望。如果仔细考虑过，相信家长一定会十分惊讶，原来自己所谓的“一切都为了孩子”竟然只是个自私的愿望。

如果家长真的爱自己的孩子，希望他走上一条康庄大道，那么就不要逼迫他将你的兴趣作为发展方向，将你想要他学的东西作为他必须学的。如果家长只是想让孩子把每门功课学好，考上一个好大学，那么也请允许他不均衡发展，允许他有一些自己的兴趣。

基础教育是要让孩子全面发展，使他们具备健全的心智和人格，但这并不是说，必须要孩子平均发展。要知道兴趣是一个人有所成就的前提，只有在某个领域培养出兴趣，将来他才可能专注于此领域，并最终有所成就。而在青少年时期是培养兴趣的好时机，家长不但不应该打压孩子的兴趣，还应该在注重全面发展的基础上，重点培养孩子的兴趣。当然，有很多家长都懂得这一点，于是当孩子几岁时便拉着他们去学各种东西，美其名曰是培养兴趣。可看看孩子们的表情，有几个是真正感兴趣的呢？许多家长都忽略了孩子的感受，认为孩子不懂事，还不了解兴趣是什么。殊不知，所谓兴趣正是最直观的感受，而非理性的认可。所以，孩子们的喜好可能正是真正的兴趣。

那些懂得如何培养孩子的家长从不会忽视孩子的感觉，也从不会把自己的兴趣强加到孩子身上，他们总是从旁引导孩子，让孩子真正学好自己感兴趣的科目。其实这也正是培养优秀人才的最佳途径，著名音乐家傅聪便得益于此。

傅聪的成就有很大一部分要归功于他有一位伟大的父亲，在他艺术成长的道路上，是父亲发现了他的天赋并一直不辞辛劳地引导他。傅聪的父亲傅雷，是中国著名的文学翻译家，而且在他青年时曾留学法国，专攻美术，有很多朋友都是美术界的巨匠。所以，最初傅雷想让儿子学美术，把儿子培养成绘画大师。然而让傅雷失望的是，傅聪根本不是这块料，学画时总是心不在焉，作画时也是胡画一通，没有任何美术天赋可言。但傅雷相信“天生吾人，才之大小不一，方向各殊；长于理工者未必长于文史，反之亦然”，儿子没有美术天分并不等于一无是处，他相信总有一天会发现儿子的兴趣所在。果然不久之后，傅雷意外地发现，每当留声机中放出歌声时，调皮的儿子就会安静下来，侧耳倾听。原来儿子的兴趣在音乐而不在美术上，傅雷当即决定让儿子放弃学画而改学音乐。于是在傅聪 7 岁那年，父亲请了几位音乐界的朋友，商量着让他学钢琴。就这样，傅聪开始跟着他的启蒙老师雷恒教授学钢琴。起初，傅雷也只是让儿子试试，从旁观察他的学习效果。一段时间之后，他发现傅聪在音乐方面确实有超人的天赋，而且对音乐的兴趣十分浓厚。于是傅雷决定全力支持儿子学习音乐，并为他买了一架钢琴。从此，傅聪每天放学做完功课后便钻进琴房，全身心地扑在音乐上。

傅雷对儿子总是循循善诱，并适时地给予鼓励和引导。有一次，傅聪弹得兴起，撇开琴谱，即兴弹出了一些调子。在楼上工作的傅雷察觉有异，便从楼上轻轻地走到琴房。傅聪怕父亲责备，连忙重新弹奏琴谱中的曲子。但傅雷和善地叫儿子再弹奏刚才即兴创作的曲子，一遍一遍地听，并亲自用五线谱把曲调记录下来，夸儿子创作了一首好曲子，还特意给它起了一个名字，叫作《春天》。谱写出自己的曲子后，傅聪学琴更起劲了，在父亲的启发和教育下，他的琴艺不断进步。与此同时，傅雷并没有放弃对儿子的基础教育，他还亲自编写课本，教傅聪中文。因为他知道，无论想在哪个领域里取得成就，基础知识的学习都是必不可少的。

在傅雷的启发式教育下，傅聪终于成长为一颗耀眼的音乐之星，在世界乐坛冉冉升起。

其实，每个孩子都有自己的天赋，但天赋只有发掘出来才能称为天赋，而发掘的工作主要应该由家长来做。孩子的偏科并不可怕，相反，这很可能是家长发掘其天赋的好机会。家长要让孩子在全面发展的基础上发挥天赋的优势，在自己擅长的领域有所成就。

孩子太贪玩，这种天性并不可怕

孩子贪玩已经成为许多家长的一块心病，有一些孩子因贪玩荒废了学业，浪费了美好的学习时光。孩子过分贪玩无疑会影响他们对学习的热情，束缚他们能力的发掘，这对他们的健康成长会造成严重的危害。家长要改变他们贪玩的习惯，我建议大家必须找准孩子贪玩的症结，改变不适当的教育方法，在正确方法的引导下，帮助孩子改变贪玩的不良习惯，把他们引向正确的生活轨道。

在改变孩子贪玩的习惯之前，我们先来解析一下孩子贪玩的动机。

家长最大的担心就是怕孩子因为贪玩而耽误了学习，所以，他们往往会限制孩子的玩耍时间，孩子受到限制，就只能偷偷摸摸地玩。事实上，孩子贪玩的习惯是不可能突然被改变和限制住的。玩不仅是孩子的天性，也是他们的权利。

美国著名动物心理学家哈洛拿印度的猴子做试验发现：与其他小猴一起玩耍的小猴，比独自生活的小猴能学到更多的东西，就是说与其他小猴一起玩耍的猴子更聪明。

飞机的发明家——美国的莱特兄弟曾回忆道：他们对飞机最早

产生兴趣是从儿童时代开始的。有一次，莱特兄弟的父亲给他们带回来一个小玩具，用橡皮筋作动力，使它飞入空中。他们就照这个玩具仿制了几个，竟然都能成功地飞起来。就是这种能飞的玩具，使莱特兄弟玩得十分上瘾，并引发了他们发明飞机的大胆想法。于是，他们几经周折，在滑翔机上安装了发动机和螺旋桨，让世界上第一架真正的飞机飞上了蓝天。

德国数学家威特的父亲也是通过游戏培养了威特善于观察、善于思考的良好习惯。在威特家的院子里，父亲特地为他修了一个大游戏场，铺着60厘米厚的沙子，周围栽有各种花草树木。威特在这里观花、捉虫，父亲还为他做了各种木块，他用这些木块盖房子、建教堂、垒城墙、架桥梁，大大地促进了他智力的发展。威特没有太多的玩具，也不会向父亲索要，但他却用很少的玩具，愉快而幸福地度过了美好的童年时光。

威特的父亲劝告家长，当孩子用木片和纸盒等建造城市、宫殿时，千万不要为了收拾屋子而破坏了孩子的游戏。这样会无情地摧残孩子的精神世界，不但会影响孩子的情绪，而且有碍于孩子想象力的发挥。

上述事例说明，一味地反对孩子玩是不正确的。聪明的家长应该既让孩子玩，又让孩子在玩中得到进步。比如，在孩子玩的时候，要引导孩子思考，尽量给他留出一定的空间。

中国清代小说《儿女英雄传》中的纪献唐在小时候就很贪玩。他先后气走了10位老师。性格顽劣的他，天不怕地不怕。他不听老师的教导，有时甚至会对老师不尊敬。管教他的老师都对他不抱希望，觉得这个孩子成不了才。

直到一个叫顾肯堂的秀才毛遂自荐，当了纪献唐的老师后，他才有所收敛。其实是因为顾肯堂的教学方法和别的老师不一样。他从来不管纪献唐，任由纪献唐在外面玩耍，甚至在上课的时候，他也允许纪献唐出去玩。

有一天，纪献唐正在外面玩，忽然有一阵悦耳的琴声传到他的耳朵里。纪献唐顺着悠扬的琴声寻去，发现老师正在屋里弹琴。他没有说话，而是站在老师身边细细地品味音乐。一曲弹毕，纪献唐为老师的音乐才能所折服，他开始跟老师学起了音乐。在后来的接触中，他发现老师琴棋书画竟然无一不通，这让他更加佩服老师的才能，也开始认认真真地和老师学习各种技能。由于纪献唐的努力，一年之后，他在琴棋书画方面已经学有所成。

有一天，纪献唐突然发现自己很久没和别人打架了，想施展一下拳脚。纪献唐想，老师太文弱了，我只用三拳两脚就能把他打倒。于是他向老师提出比武的要求。老师接受了他的挑战。在交手的时候，纪献唐没有想到的是老师的拳脚功夫十分厉害，没几下他就被老师制服了，这让纪献唐对老师的敬佩又加深了一层。

自从那次比武后，老师才开始对纪献唐进行正式教育，引导纪献唐为国家而努力读书。纪献唐凭借着老师的教导和自己的努力，终于成为清朝文武双全的大将。

故事中的老师知道自己的学生性情顽劣，但他并没有打压孩子爱玩的天性，而是顺着纪献唐的贪玩心理进行诱导，使其由贪玩变成边学边玩，然后才采用正规的教育方式。正是这种边学习边玩的方法，造就了一位了不起的将才。

每个孩子都是渴望自由的，家长不允许孩子玩耍是一种很不明智的行为。玩耍有利于孩子的身心健康，在玩耍的过程中，孩子不仅能锻炼身体，还能缓解学习带来的紧张情绪，而且能学会和别人共同协作。禁止孩子玩游戏只会打压孩子做事的积极性。

孩子毕竟是孩子，他们对事物的认知往往还不成熟，所以他们需要家长的引导才不至于走向歧途。家长的正确态度应该是诱导孩子在玩耍中学习，以孩子自己喜欢的活动为出发点，自然而然地引导孩子学习。只要家长教导的方式正确，每个孩子都可以成才。

孩子很粗心，为他找回缺失的责任感

期中考试过去了，有一些平时学习成绩不错，各方面表现也优秀，很受老师喜欢的孩子，语、数两科都刚过平均线而已，这与家长和老师所期望的分数存在很大的差距。在后来的家长会中，老师和家长一起分析了这些孩子的试卷，结果发现他们存在一个共同的问题，就是“粗心”。

老师随即就数学试卷做了举例说明。有的孩子在做算术题时要不就多个零，要不就少写了单位，或者小数点的位置点错了；还有的本来上边一行应该是 32，结果却被他们换成了 23；有的直接写错一个字……其实，这些都不是他们应该出错的地方。结果这道填空被扣 3 分，那道判断被扣 2 分……扣来扣去的，分数就落下来了。

孩子很粗心，很大程度上是因为他的学习态度不端正。如果孩子总是持有认不认真无所谓，作业检不检查无所谓，分数是低是高无所谓的学习态度，那么他的责任感是不是正在缺失呢？的确如此，在孩子粗心大意的背后，无意间透露出的正是他们缺乏对学习、生活和自己的责任感。

当家长遇到这种情况时，应该正确看待孩子粗心的问题。粗心不只存在于孩子身上，有时就连成人也会因为粗心而影响工作。作为家长，首先应该反省一下自己平时在给孩子辅导的过程中方法是否恰当，其次再用正确的方法来帮助孩子养成“复查”的好习惯，尽量减少不必要的失误。在此给家长提出以下建议：

1. 帮助孩子养成认真写作业、仔细检查的好习惯

家长应该告诉孩子，在做作业的时候，先要认真审题，思考这些问题。做作业并不单要求快，同时，还要保证质量。平时就培养孩子“审题几遍，再动笔” “做完作业，复查一遍”的好习惯。

2. 巩固孩子“复查”作业的好习惯

现在有许多家长都愿意为孩子检查作业，以为这是对孩子负责任，其实不然。这样反而助长了孩子不细心的坏习惯。要让孩子彻底和“粗心”说再见，家长就得起到一个好的带头作用。在生活中，家长要用自己的细心去感染孩子，例如要出门的时候检查一下该关的电源、煤气等有没有关好，钥匙有没有带在身上……有时还可以留一个给孩子提醒自己的机会，问一问：“我有没有少带什么东西？门有没有锁好？”

3. 为孩子准备一本错题集

每当孩子因为粗心而做错题时，不妨让他在这本“错题集”中把这道错误的原题详细记录下来，陪他一起分析做错的原因，这样对于提高孩子的复查能力很有帮助。

有一位家长发现自己的孩子写作业总是能“一气呵成”，而且从不用复查。他原以为孩子很聪明，可惜孩子的作业总是做错。后来这位家长就向教育方面的专家咨询，专家告诉他，这是因为家长没有注意培养孩子的责任感，导致孩子形成粗心马虎、凡事无所谓的生活态度。

作为家长，应该让孩子认识到对自己负责任是非常重要的一件事。意识决定态度，责任感容易造就孩子细心、不马虎的品格。家长还应该传达给孩子这样一个观念：在帮助别人的同时，从受助者的感激中去体会自身的价值，提高自身的责任感。

那么怎样做可以进一步帮助孩子提高责任感呢？家长不妨给孩子灌输这样几种观念：

1. 学会保护弱小

这是一个可以让孩子直接意识到责任的方法。孩子天生就有一颗纯真、善良的心，如果家里养了小动物，就可以试着让孩子去照顾它，给它喂食、洗澡、清理卫生、陪它玩。时间长了，小动物自然会对孩子产生依赖，而孩子也会逐渐感受到自己是有能力去保护弱小的。他能从中体会到自己的责任心，并对自己的所作所为负责。家长在这个时候就应该进一步教育孩子，负责任不只是认真地完成一件事，更重要的是还要敢于承担后果。

2. 让孩子心中充满爱

有爱的孩子才有责任感。无论是家长，还是老师，都要从小培养孩子的爱心，大到对祖国、民族的热爱，小到对家长、亲人、朋友的关爱。

3. 学会遵守信用

家长首先就要说到做到，不要对孩子轻易承诺，也不能说大话。孩子小时候最信任的就是家长，他们会去模仿家长的言行，所以家长往往对他们的影响很大。当家长答应孩子某件事以后，就不能敷衍了事，而应该尽力去做到，给孩子当好榜样，同时不忘教导孩子做一个讲信用的人。

在这里还要给各位家长一些提醒：过度保护、娇惯孩子很容易让他变成养尊处优、自私自利、没有责任心的人；此外，假如对孩子十分严厉，则会让孩子变成毫无主见、不敢负责的人。

防止孩子上网，“疏”的效果大于“堵”

人们现在的社会生活离不开网络，网络已经无处不在，公司办公、学校教学都离不开网络。孩子沉迷网络游戏并非网络本身的错误，家长如果采取一棒子打死的策略，坚决禁止孩子接触网络，这种做法是不可取的，而且也不会收到好的效果。

要知道，网络上虽然有不利于孩子身心健康的内容，却也有丰富健康的资源。如果孩子由于上网而耽误了学习，这当然是有害的，但若用它来学习健康的、有用的知识，网络就会成为学习的好帮手。所以专家建议，对于孩子的上网问题不能因噎废食，要防止孩子上网成瘾，“疏”的效果要远远好于“堵”。

网络世界确实不是一片净土，受年龄和社会经验所限，孩子们也往往比成年人更难抵御网络的诱惑。但仅仅因为这点，就采取随时“陪”孩子上网或干脆不准孩子上网的极端措施是极其不明智的。

上网的潮流不可阻挡，如今上网也很方便，家长不可能随时都盯着孩子，也不可能真正地限制住他们。与其整日忧心忡忡，还不如静下心来用比较理智的态度接受这一现实。当然，也绝不能因为管不住就采取完全放任的态度，善于引导才是正确的策略。

首先，家长应多关心孩子，倾注时间与精力、耐心与爱心教会孩子在鱼龙混杂的网络资源中有选择性地获取知识，同时教会他们自制。

在全国网吧等互联网上网服务营业场所专项整治工作协调小组全体会议上，专家指出要“加强对未成年人的宣传教育，引导和规范他们的上网行为”，家长责无旁贷。这并非政府部门推卸责任，因为平时与孩子接触最多的就是家长，最了解孩子的也是家长。因此，由家长引导、教育孩子健康上网是保证孩子安全的最有效方法，也是让孩子从互联网上获得更多收益的有效途径。

当然，仅仅靠家长无法做到万无一失，还需要学校、政府职能部门各司其职，与家长齐心协力地防患于未然，不单单要管好孩子，同时更要管好网络，给孩子们创造一片纯净的网络空间。这其中包括家长的努力，学校的教育和职能部门的尽职尽责。例如，家长在引导孩子上网的同时，可以在电脑上装一些过滤软件。如今软件技术发达，市场上有很多高级过滤软件，可以将宣扬暴力、色情等不健康内容的网页全部阻挡住，特别适合安装在家庭电脑上，让自己家的网络世界成为一片“绿色天空”。

同时，学校也应该担负起应有的责任，例如可以开展一些课程，教育孩子们明辨是非。老师与孩子们一同走进网络世界，对其中的垃圾信息不要遮掩，开诚布公地与孩子们讨论，听听孩子们的看法，然后有针对性地进行教育。青少年都处在好奇心强的阶段，强烈的求知欲让他们对未知的事情充满激情，越是遮遮掩掩反而越可能使他们沉迷于其中。在这个年龄段的孩子往往最崇拜老师，所以，由老师给他们讲道理、摆事实，让他们明白其中的道理，他们自然就会降低好奇心，按照正确的道路去走。

另外，社会职能部门是否尽责也非常重要。

要知道，在家里家长还能管住孩子，可是到了网吧谁来限制、教育他们呢？这时，只有政府各部门积极配合，通过管理好网吧来预防孩子们受到毒害。首先，将未满 18 岁不能到网吧上网的规定落实。其次，加强对网吧经营者的宣传教育，让他们明白未成年人沉迷于网络可能造成的伤害。更重要的是加大对网吧的监管和惩罚力度，让他们体会到收留或引诱未成年人到网吧上网，他们将遭受重大的损失，从而杜绝他们从未成年人身上赚钱的思想。网络监察部门还应加强对网吧经营内容的监察，例如该网吧系统是否装有屏蔽不健康内容网站的软件，是否装有游戏防沉迷系统等。

小小电脑中，装有大千世界，网络将全世界联通起来。在丰富的网络资源里，有高尚、健康的内容，也有低俗、龌龊的内容，想让孩子健康成长，网络也是无法忽略的一个工具。而如何才能让孩子明白上网的“规矩”呢？“堵”不明智，“放”更有风险，只有引导才是上策。

心理测试：孩子具备哪种天赋？

有一项测验可以帮助家长发现孩子的特长，这有利于家长观察孩子有着什么样的天赋，以便家长做出正确的引导。

1．音乐天赋

(1) 能很好地按调子唱歌。

(2) 爱听不同的乐器演奏，听到音乐时会自动安静下来，并能根据乐声讲出乐器的名称。

(3) 喜欢评论各种声音，并能说出它们的优劣。

2．美术天赋

(1) 很少迷路——尤其是女孩。

(2) 乘车的时候会说“去年冬天妈妈带我来过这个地方”之类的辨识景物的话。

(3) 擅长画地图、描绘物体，喜欢颜色感强烈的事物。

3．数学天赋

(1) 经常问像“这件事是什么时候开始的”之类的话。

(2) 经常问雷鸣、闪电、下雨、下雪等自然现象如何产生的问题。

(3) 按规格、颜色等分门别类地收藏玩具。

4．语言天赋

(1) 很会讲故事，并且喜欢讲故事给别人听。

(2) 当你第二次给他讲同一个故事时，有改动的地方他会纠正你。

(3) 善于记忆诗歌和富有情趣的电视节目中的台词。

5．体育天赋

(1) 动作协调、优雅。

(2) 学习系鞋带、穿袜子和衣服、骑自行车时很快，而且不费力。

(3) 喜欢模仿各种表情和各种体育动作。

6．交际能力

(1) 能准确地说出他能干什么，不能干什么。

(2) 善于表达心中对做某件事的感受，比如做了某件自己喜欢的事时会说：“这样做我很高兴！”

(3) 能注意到别人情绪的各种变化。

(4) 喜欢扮演角色，喜欢编故事，且编得、演得像模像样。

(5) 与某个陌生人见面时会说出“他使我想起了小毛爸爸的样子”之类的话。

测试分析

本测试来自美国康涅狄格州耶鲁大学教授罗伯特·斯腾伯格博士致力研究的一种“多方面”测试。本测试考虑到了孩子的多方面天赋，如果您的孩子 4 岁以内具有以上大部分情况，那么恭喜您，您的孩子在某些方面可能成为天才。

儿童的智力潜能可能会表现为多种形式，因此，家长应该尽可能地为孩子提供丰富多彩的环境，让他参加多种多样的活动，给他足够的表现机会，以帮助他将智力潜能发挥出来。

通过观察儿童在不同环境和活动中的表现，家长就可以发现孩子对于哪个领域的事物特别感兴趣，在哪个方面表现出了卓越的能力等，也就能初步了解到孩子的强项和弱点了。

父母是孩子的第一任老师，在家庭教育中，不同性格特征的父母在教育上都会略有偏差。在这章里，我根据自己多年的经验，总结了一些比较典型的家教误区，与家长朋友们共勉。

第五章 家长也会犯错——悉数不可取的家教行为

5

真心悦纳孩子，“小冤家”来自“大冤家”

德国教育学家斯普兰格说过：“在人的一生中，再也没有像青年时期那样强烈地渴望被理解的时期了。没有任何人会像青年那样沉陷于孤独之中，渴望被人接近与理解；没有任何人会像青年那样站在遥远的地方呼唤。”其实，希望被人悦纳不单是在青年时期，任何时候，人都渴望被他人理解，而我认为在一个人的一生中，童年时来自家长和他人的理解最重要，影响也最深远。

在生活中，我常常会听到有些家长对自己的孩子说：“你真是上天派来折磨我的小冤家，因为你我都要累死了！”家长把生活不如意的原因习惯性地归结在孩子的身上，无形中给孩子上了一道枷锁，也在他们幼小的心灵上留下了一层阴影。家长的一句“小冤家”有可能会让孩子认为，自己的出生给家长带来了麻烦和负担，父母并不期望自己的到来。其实“小冤家”只是一个代称，并没有什么实际意义，但它背后显示出的却是家长和孩子之间是否理解的问题。

孩子需要的东西并不多，但是家长的鼓励和理解比苛责和批评更容易让他们接受，所以家长应该经常真诚地对孩子说“你又进步了”或者“你很棒”之类的话，而不是说“这次又不及格”或“你怎么这么笨”之类的话。

我今年教的班级里有一个女学生，学习成绩总是原地踏步，每次考试的分数竟出奇地接近，有好多次都是相同的分数，特别是英语成绩，半个学期以来几乎都是77分。

英语老师找到我说：“你班级里的XXX是不是对我有意见，怎么每次都是考77分？”

我也不知道怎么和他解释这个情况，因为这个学生一直都很用功，性格看起来也比较好，和同学相处得也不错，没有什么不对劲，但这成绩是怎么回事？

我让英语老师把她半学期的考卷都留下来，然后我仔细地查看了一下，发现了一个小问题：无论英语考试出的题目是难是易，她的成绩都比较平稳，这也从侧面反映出，这个学生有很大的进步空间，可为什么她总是考同样的分数呢？仅仅是巧合吗？

我马上把这个女同学找来谈话，她的回答竟然是："我把第一次英语考试的分数给我妈看的时候，她说我也就那么大的能耐，再好不到哪里去了！既然她都给我下定论了，我考成这样也就行了！"

第二天，我把这个女同学的母亲请到了办公室，并告知了她女儿的情况。她听后也是一脸的惊讶，然后说："我真不知道自己的话被女儿理解成这样，当时她说英语学起来很难，我看她考了 70 多分，随口就说她考成那样就行了。后来几次，她的成绩一直是 70 多分，我就认为英语她最大限度也就学成这样了！"

我说："您女儿在英语方面还可以再进步，我通过她的英语考卷发现，在几次很难的英语考试时，她的成绩排名都是在前十名，这说明她进步的空间非常大。现在她最需要的就是鼓励，您回家之后，可以淡化她对英语心理上的恐惧，鼓励她继续努力，要时常称赞她在英语方面取得的进步。"

这位母亲答应按照我的要求去做。几个月后的一次期中考试，这个女同学的英语竟然考了 98 分。

史考伯曾说过："最能焕发潜能的方法就是赏识和激励。"一句赞美的话和一个理解的目光常常能影响孩子很久，甚至在若干年之后，它们还像甘露一样滋润着孩子的心田。

家长都把"爱"孩子挂在嘴边，这个"爱"并不仅仅是指家长对孩子的宠爱，它还包括要重视、尊重、赞美和理解、接纳孩子，唯有这样的爱，才是真正的爱孩子。

有一年，我们大学同学聚会，当中的很多人都已经为人父母了。大家坐在一起，谈论最多的当然是自家的孩子。

有一个男同学说："教育孩子真是一项烦心又累人的漫长工作，你对他好，他理解不了；一批评他，他就给你唱反调，调皮捣蛋难管得很！"

他的话马上得到了很多响应，其中已经有了两个孩子的女同学说："你说得太对了，我们家那两个孩子考试成绩总是上不去，我没少打他们，可是打一段好一段，不打不上进，现在就是打也不管用了，我的心都快操碎了！"

我听了很久，然后说："你们说的这些情况在教育孩子的过程中时常会出现，但是打孩子和批评孩子都不是最好的办法，孩子最想从家长那里得到的是赞美和理解。如果孩子一犯错或者拿出糟糕的成绩单，你们就不问青红皂白的一顿臭骂，这显然是不合适的。这时不妨冷静地给孩子一个辩解的机会，哪怕他的辩解在我们这些大人听起来有些蹩脚。有时，大人的嘲笑和批评是对孩子最大的打击，孩子的自信心就会消失得很快！"

孩子需要被理解、支持和赞美，但是很多家长往往都做不到这一点，不是因为家长不愿意去做，而是不知道怎样去做，找不到具体有效的方法。要找出一本完全教导家长怎样去理解和赞美孩子的书是不太可能的，因为不同的家庭环境和家长、孩子的个性差异，导致了每个家庭在遇到相同的事情时，都会采用不同的方法去教育孩子，在这里，我只有说说我自己在教育孩子的过程中遇到的问题和解决的办法。

1. 成绩单问题

我从来不要求孩子每次都要拿高分回家，无论他们每次的考试成绩如何，我都会称赞他们的进步和努力。

2. 看电视问题

孩子都喜欢看动画片，所以我从不阻拦孩子看电视，但是我会给他们限制时间，而且有些科普类的电视节目我会鼓励孩子和我一起观看，以便拓宽他们的知识面。

3. 课外时间问题

如果没有得到孩子的允许，我绝不会参与孩子课外时间的选择问题，我会给他们支配权，但前提是我已经了解了他们的课外内容，洞察了他们的每一次行动，一旦孩子遇到什么难题和疑惑的时候，我就会巧妙地出现，协助他们解决。

4. 交友问题

我一直都在鼓励自己的孩子多交一些朋友，但是我会给他们做参谋，引导孩子走向正确的交友方向。

我也有许多做得不足的地方，但是在教育孩子的过程中，我也学到了很多东西，同时也从孩子那里得到了很多东西。经验告诉我，当你试着去理解孩子时，他们也会试着理解你；当你经常赞美和表扬孩子时，他们也会受影响，用你曾经用过的那些美妙的语言称赞你。

曾经有一段时间，我的情绪很低落，回到家的时候也很少有笑容，儿子和女儿总是很贴心地想让我高兴起来，儿子会在我出门的时候说："妈妈，你笑一下的话会更美哦！"女儿则像我之前称赞她那样称赞我说："妈妈，您今天的衣服真漂亮！"

放学回到家之后，他们也会乖乖地做作业，不吵闹，希望我有一个安静的氛围。我很感动于孩子的这些小举动，所以我并没有让自己消沉很久，就又展露了往日的笑容，因为我不想看到孩子努力逗我笑却失望的表情，就像他们努力想要理解我一样，我同样要理解他们。

孩子就是家长的一面镜子，他的眼睛里可以照出家长的一切言行，当你用鼓励和赞美去理解孩子时，他也会给你一个令人满意的结果，努力表现出自己最好的一面给你看。

家长的否定，让孩子“心理性矮小”

现实生活中，我们总会看到有些孩子的身高和他们的年龄显得很不相称，生长发育情况不正常，显得过分矮小。通常在这种情况下，家长大都会以为是遗传或者生理上的原因，但经过医学专家研究发现，孩子得不到家长的爱往往也是一个很重要的原因，这在医学上被称为“心理性矮小症”。

什么是“心理性矮小症”呢？它是指孩子在缺少家长爱抚的情形下，精神上饱受压抑，致使孩子的生长发育产生了障碍而出现矮小症。美国著名的精神病专家霍劳博士通过研究得出：假如孩子长期生活在无人关心、精神压抑或者经常挨打受骂、冷漠、受歧视的家庭环境中，就会导致孩子体内激素产生的障碍，引起生长发育障碍，进而导致孩子个头矮小。

据有关专家的调查数据显示：“二战”期间，西班牙、德国、越南、朝鲜等国失去双亲的孤儿，平均身高要比同龄儿童矮几厘米。为此，科学家们还特意做过实验进行验证，他们选择了一些长期精神饱受压抑的孩子，把这些孩子安置到了快乐、和谐的环境中，让他们受到模拟亲人的关怀和家庭的温暖。三个月后，科学家们通过观察发现，其中有 95% 的孩子发育情况很快产生了变化，身体生长停滞现象得以消除，身高明显有所增长，基本上接近其他同龄孩子身高增长的水平。

这个实验进一步证明：孩子精神上的压力、爱抚的缺乏和心灵上的创伤，都可能导致其神经、体液、内分泌等功能紊乱，致使孩子体内的生长激素、甲状腺素等有助于长高的激素分泌减少，从而引起孩子的生长发育障碍。

我有时候很不理解那些孩子的家长，明明心中十分爱孩子，可为什么要一次次轻易地否定孩子，伤害他呢？家长的否定是对孩子打击最大的伤害，这会让孩子很快关闭心中情感的大门，他变得不愿再和家长沟通，更不会轻易对家长表露心中的快乐和伤悲。经常被家长否定的孩子是很难建立起自信心的，也会造成上面所说的“心理性矮小症”。

小区门外有一家烟酒小商店，店主有一个儿子，年龄和鑫鑫差不多大，今年也是上初中，可是他的个头和鑫鑫差很多。当鑫鑫告诉我，他们是同一所学校同一个年级的同学时，我还不相信，那个孩子的个头就像一个小学生。

一开始，我想可能是遗传因素，但是在见了那个孩子的家长时，我就有点儿怀疑之前的想法了，因为那个店主个头有一米八，他的妻子身高最起码也有一米六七，从遗传学上来说，他们的孩子生长发育应该很快才对。

当我和爱人谈起这件事情的时候，爱人说我大惊小怪，他说初中正是孩子生长发育的最佳时期，说不定一年之后，那孩子就长到一米七了。

后来有几次，我经过烟酒小店门口的时候总会听到斥骂孩子的声音，甚至有一次，我还看到那个店主动手打自己的儿子。

回到家之后，我问鑫鑫关于那个孩子的情况，儿子说：“他不爱和我们一起玩，总是一个人躲得远远的。学校里有人叫他‘小个儿’，我还听说他爸爸总是说他长得矮，不像自己的孩子。”

在接下来的时间里，我对那个孩子的情况开始留意起来，我发现他走路总是低着头，不敢看人。有一次我去他家店里买东西，听到他父亲大声地训斥他说：“你就不能快点儿，没看见有人买东西吗？让你拿个东西都这么慢，你能干成什么事，不长个子你还不能长点儿脑子啊！”

我看见孩子脸色十分难看地低着头，闷声不响地走到里面，于是对店主说："没关系，我不着急，你不要催孩子了，他已经做得很好了。你不要经常骂孩子，这样对孩子不好。"

店主不以为意地说："孩子不骂不行，没记性！我家这孩子算是没指望了！"

我说："你不要这样想，孩子只要努力，都能有出息，你要好好地教他，光打他骂他是行不通的。"

我知道那位店主对我说的话也就是听了一下就忘了，根本起不到什么大作用，如果他自己没有教育孩子的正确意识，别人说什么都是枉然。

孩子小时候做错事是在所难免的，这是他成长过程中必经的一个阶段，家长不要因为孩子一时的错误就否定他，而是要肯定孩子的努力，鼓励他不断进步。

很多家长总是有意无意地贬低自己的孩子，认为孩子身上到处是毛病，没一个地方是看得顺眼的，见到孩子不是批评，就是给他挑毛病，他们认为这样才能让孩子越来越有出息。孩子如果总是在批评和否定的家庭环境中成长，长大后也会变得不自信，做事犹犹豫豫，不会很好地处理自己遇到的状况。

爱人有一天约自己的好朋友到家里吃饭，吃完饭我们三个就坐在一起聊天。因为爱人的朋友也有孩子，所以我们就孩子的教育问题聊了起来。

那位朋友说："我小时候就觉得自己有些孤僻、自闭，基本上不说什么话，因为我爸和我妈总是批评我、训斥我，我做什么他们都觉得是错误的。等我上大学离家远了，我以为挨骂的岁月已经结束了，谁知每次放寒暑假回家，我爸还是会训我一顿，不是说我'呆头呆脑'的成不了大器，就是说我'傻乎乎'的没出息，毕业要考研的时候，他对我说'你考研也没用'，就是现在我结婚生孩子了，每次回家，他还训我说'你能照顾好老婆、孩子吗？'我的前半生都是在我爸的否定和责骂中度过的，让我现在变得做事犹豫不决，缺乏自信，心里总想着我是不是真的像我爸说的那样，成不了大器。因为有自己的前车之鉴，所以在教育孩子的问题上，我从不轻易否定和批评孩子，我不想他也变得和我一样，内心孤独、精神压抑、没有自信。”

孩子的内心深处需要一种安全感和认同感，如果这种需要总是被批评和否定截断，那么孩子就会不自信，不愿意在人前表现自己，从而逃避与人沟通、交往。

日本一家机构的一项长期追踪调查结果显示：婴幼儿时期经常受到家长表扬的孩子，日后的社会适应能力就较强。而另外一项研究是日本专家在 2005 年至 2008 年间，以 400 名孩子为研究对象，通过向其家长进行问卷调查和观察亲子行动等得出一个结论：幼年时期经常受到家长表扬的孩子，社会适应能力将明显高于同龄孩子。

调查研究还显示，除了家长的表扬之外，规律的睡眠、与家长一起购物或者读书，以及母亲育儿压力小等都与孩子适应能力的发展有关系。

孩子和大人一样，都有自尊心，经常遭受家长否定的孩子，长大后就会变得犹豫、自卑和怯懦，而那些经常受到家长表扬和肯定的孩子，长大后做事通常都充满自信、干净利落。

所以，家长应该充分地关心、爱护孩子，并鼓励、肯定孩子，使他们享有足够的父母之爱，这无论是对孩子的身体发育还是心理健康都十分重要。

恶语伤人六月寒，别口无遮拦伤了孩子

前一阵子，我在网上的亲子论坛里看到一则帖子：

刘女士的儿子东东 3 岁了，刚上幼儿园不久，孩子只去了几天

却再也不想去了。刘女士询问原因，东东只说是幼儿园的老师不好。刘女士以为儿子太任性，就没在意。可又过了一段时间，东东的情绪很不佳，晚上睡觉也会被噩梦惊醒，时常无缘无故地大喊大叫。

刘女士意识到了问题的严重性，就在东东的衣服口袋里放了一支录音笔。等东东从幼儿园回来，刘女士打开录音笔，竟听到了这样的话：

“你是猪啊？什么都不会！”

“你这么笨，活着真是丢人！”

“你还是不是男孩啊？动不动就哭！”

……

恶言恶语中间，隐隐夹杂着东东的哭声。

“我真没想到，这些话竟出自幼儿园教师的口，我听一遍录音就要哭一次，我的孩子遭受了什么样的痛苦啊！”刘女士写道。

我看了既难过又震惊，那位老师根本没想到她的一时口舌之快深深地伤害了孩子幼小的心灵。这样的“教育方式”绝对不可取，严重影响了孩子的正常成长，甚至他的一生都会有阴影。孩子在成长阶段需要良好的指引，而不是用斥责、打骂。

家长和老师对孩子的体罚曾经引起了社会的高度重视，当体罚的势头渐渐消减，“语言暴力”却有所抬头。如果说体罚是对孩子身体的摧残，那么“语言暴力”就是对孩子精神的摧残。孩子虽然年幼，但是自尊心比成人还要敏感。“语言暴力”不仅侮辱了孩子的人格，损伤了孩子的自尊心和自信心，严重的还会导致孩子丧失生活信念，心智失常，引发逃学、厌世、犯罪等一系列不良后果。

家长的几句话，有时比肢体行为更让孩子刻骨铭心，切记不要对孩子出口成“伤”。

我的一个亲戚最头疼去幼儿园接儿子乔乔，老师不止一次说过乔乔尿床，亲戚觉得很丢脸。她告诉乔乔，想上厕所要跟老师说，每次乔乔都是满口答应，可依旧尿床。时间一长，不仅同住的小朋友有意见，就连老师和其他孩子的家长都很不高兴。亲戚恨铁不成钢，跟别人闲谈，自然把话题扯到乔乔身上：“这个孩子烦死了，尿床的毛病就是改不掉。”亲戚跟我讲起乔乔，也是同样的话，说乔乔让她很失望。旁边的乔乔羞红了脸，眼里露出怨恨的神情。

我知道亲戚没经过考虑，无意间就说出了乔乔的“秘密”，但在乔乔看来，也许认为妈妈是在故意羞辱他，当众让他出丑。尿床的毛病随着年龄的增长自然会改掉，乔乔却有了很重的心理负担，他认为自己比别人差，产生了严重的自卑感，缺乏与他人交往的勇气。

孩子尿床不是大问题，不要抱怨和指责孩子，更不要到处宣扬，保护好孩子的隐私也就是保护了孩子的尊严，孩子会感激家长的。

孩子的成长坏境对他们来说很重要，好的语言坏境更重要，在孩子面前说话要有所“忌讳”。

邻居家 4 岁的女儿圆圆是个很讨人喜欢的孩子，有一次妈妈带她去公园，正巧我们都在楼下乘凉、聊天，邻居就带她过来打招呼。我们都夸圆圆可爱，宋奶奶给了她一把糖果，然后问圆圆在哪个学校上学，谁知道圆圆不耐烦地说：“你怎么那么多事儿啊！我还要去公园呢。”弄得我们很尴尬。

原来，每次圆圆要妈妈帮忙，妈妈都会回一句：“你怎么那么多事儿啊！”慢慢地，圆圆也学会了，虽然她可能不懂这句话是什么意思，但受妈妈的影响，这句话已经成了她的口头禅。

所以，在对孩子说话前一定要认真组织好语言，想想哪些是应该说的，哪些不该说，不该说的绝对不要说。

一个学生的家长对我说，他和儿子正处于“冷战期”，不知道有什么办法能缓和他们的矛盾。这个“望子成龙”的父亲总是随口斥责儿子，说儿子“笨得要命”“什么都不会”，儿子成绩不好、东西摆错了位置、房间没整理干净等统统都是他发火的理由。

“我也知道这么做不对，但就是控制不了自己。”他说，“我想跟他好好聊聊，可没说上几句，儿子就烦了，我看到他的样子更是上火，就和他争吵起来，急了就打他几下。”他拿出一本日记，孩子在上面写：“我恨透爸爸了，他经常打我骂我，我真想去死，下辈子再也不当他的儿子。”

这位父亲深深地叹着气，一脸的无奈和伤感。

我告诉他，孩子的自尊心很强，家长爱孩子，却用错了方式，以为打骂才能让孩子长记性，其实这样做会严重打击孩子的自信。爱孩子，也要尊重孩子的人格，把孩子放在平等的地位上。

在家庭教育中，很多家长犯了和这位父亲一样的错误，一时生气口不择言，爱和尊重同样重要，不要口出恶语，使孩子因爱生怨。

人生从幼年开始逐步走向成年，在孩子小时候，家长的话语对他们影响尤其深，温柔的语言能把孩子变得优秀，而恶言恶语则会毁掉孩子一生。

要想做到与孩子的关系和谐，家长应该以鼓励为主、指引为辅，必须走出教育的误区。

（1）家长要科学地爱孩子，而不是溺爱或是不爱。孩子感受到了父母的爱，心中自然会充满阳光，变得开朗、乐观，也能学会爱别人。

（2）我们要经常问问自己，家庭的氛围是否有利于孩子成长？我们是不是孩子的好榜样？家庭成员之间相处和睦，很少争吵也是对孩子有利的。

（3）我们要摆正与孩子的关系，家长与孩子之间是朋友、伙伴，而不是居高临下的“上下级”。多跟孩子互动、多沟通交流，关系会亲密得多。

（4）要用欣赏的眼光看待孩子，多挖掘他们的优点，哪怕只是细微的进步，应该多鼓励，而不是多咒骂。

学习有道，别拿写作业当惩罚

一天，数学老师突然在课堂上搞小测验，要求学生们默写一条刚讲过的定理。老师并没有提前布置背诵，现在突然要在课堂上测验，还要求一字不能错，否则就罚抄写50遍定理。结果可想而知，班里的同学全军覆没。

一个女孩回家之后就向妈妈讲了这件事，妈妈看出，女儿对抄写50遍定理很发愁。

于是妈妈就看了女儿在测验中写的内容，对照书上的定理，只有几个字与原文不符，而且妈妈能感觉出女儿是理解这条定理的。妈妈想到了死记硬背的坏处很多，看着自己才上四年级的女儿一脸愁容，妈妈心里想："即使需要背诵，背会了写一遍不好吗，为什么非得写50遍不可？写50遍要花多长时间啊，这些时间干什么不好呢？花一两个小时去写这种没有意义的作业，不也是在浪费时间吗？"

于是妈妈问女儿现在是否背会了这条定理，女儿说会了。妈妈就让她在作业本上写了一遍，果然一字不差。妈妈便笑笑说："你已经会了，一个字都不错，写一遍就行了。好了，这个作业已经完成了。"

女儿有些高兴，但马上又发愁说不行，因为老师明确要求写50遍，写不够可不行。妈妈便安慰女儿说："老师是因为你们没背会，才要求写50遍的，现在你会了，就不用写50遍了。"

为了保护孩子的学习兴趣，妈妈坚持没让孩子写50遍，还给她打气说："明天老师要问为什么只写一遍，你就回答说是我不让你写那么多遍的，把责任推到妈妈身上。老师如果要批评，你就乖乖地听着，什么也不要说；如果老师要叫家长，你就给妈妈打电话，妈妈去和老师沟通，向老师解释。无论怎样，你都不用太在意，因为你没做错什么事。”

听到妈妈这样说，女儿虽然有些犹豫，但因找不到更好的办法就同意了。

第二天，女儿晚上放学回家，一见妈妈就要哭，原来在上数学课时，因为定理没写够50遍，老师不仅批评了她，还让她当天晚上回家把整本数学书里的全部定理都默写一遍，还说如果写不够，明天就默写两遍，再不够就写三遍。

听到老师已经是在布置“暴力作业”了，妈妈便用轻松的语气对女儿说：“这个作业不用写了，妈妈明天会亲自去学校和老师沟通。”

这个妈妈在面对“暴力作业”时，毫不妥协的态度让人钦佩。但并不是每个妈妈都有这样的勇气。现实中也有很多家长，明明知道有些老师布置“暴力作业”，却只是一边抱怨老师，一边又不停地督促孩子赶快写，担心孩子写不完被老师批评，这样就会使孩子的价值观混乱，违背了写作业的目的，让孩子在学习上逐渐变得虚假、做作，久而久之，孩子就会对学习失去兴趣，并且他们还学会了迎合权威。

所谓“暴力作业”就是无意义的、重复无效率的作业，甚至带有恶意惩罚性质的作业。苏联教育家苏霍姆林斯基曾说过：“学生的那种畸形的脑力劳动，不断地记诵、死记硬背，会造成思维的惰性。那种只知记忆、背诵的学生，可能记住了许多东西，可是当需要他在记忆里查寻出一条基本原理时，他脑子里的一切东西都混杂成一团，以致他在一项基本的智力作业面前显得束手无策。学生如果不会挑选最必要的东西去记忆，他也就不会思考。”

“暴力作业”最容易让孩子失去学习的兴趣，它本身也已经带有了“惩治”的性质，可悲的是，现在许多孩子都遭遇了“暴力作业”，不只是来自老师的，也有来自家长的，有时候妈妈一生气，也会用写作业来惩罚孩子，使孩子变成了作业的奴隶。

电视里曾有一则新闻说某学校的英语老师给家长们群发了一条短消息，内容是对前一天的英语作业导致学生熬夜的事情表示道歉。因为学校有政策，如果学生在晚上11点还没有做完作业，家长签字后就可以不做。

要知道，作业是不可以用来惩罚孩子的。想一想，一个小学生，怀着无比恐惧和厌恶的心情，手里握着笔一遍又一遍地写着枯燥的定理，那条定理会给他幼小的心灵带来多大的阴影啊。所以，妈妈要呵护孩子的学习情感，就要对“暴力作业”说“不”。

家长那种一边抱怨老师留的作业太多、太不合理，一边看孩子在“暴力作业”中苦苦挣扎而又无可奈何、袖手旁观的做法，其实是最不可取的。家长要告诉孩子不写，自己也不要帮孩子写，要让孩子懂得，作业不是用来惩罚的，不要为了心疼孩子被老师批评，为保护孩子的面子，就让他应付了事，这样对孩子的伤害会更大。家长要站在对孩子负责任的立场上，与老师和学校多沟通。

同时，家长也不要主观地为孩子制造“暴力作业”，要呵护孩子的学习情感，让孩子对写作业感兴趣，只有这样，他才乐于去完成这件事。

规避消极暗示，不给孩子否定性评论

美国斯坦福大学曾经做过这样一项实验：当一个高尔夫球手击球前一再告诉自己“不要把球打进水里”时，他的大脑中往往就会出现“球掉进水里”的画面，这一画面随即就会指挥他的行动，结果事情总是朝他害怕的方向发展，也就是说这时候，球大多都会掉进水里。这就是心理暗示在起作用。

被《纽约时报》称为日本最伟大的女性、畅销书《窗边的小豆豆》的作者黑柳彻士，在回忆起自己童年时期的小林校长时，曾经充满无限感激地说："先生每天都要意味深长地对我说好几遍'你真是一个好孩子'。我一直觉得自己就是一个好孩子，等我长大以后回忆起来，才注意到先生的话里有一个'真'字。先生的这句话几乎决定了我的一生。对我来说，这真是一句难得的金玉良言。因为这句话，我一直以为自己是个好孩子，我信赖先生，怀着这份自信慢慢长大了。"

不同的心理暗示会带来不同的后果，积极的心理暗示可以带来良好的结果，消极的心理暗示往往会带来不好的结果。

陶乐是个聪明活泼的女孩，但是家长却常常批评她："你是个小姑娘，不能老像个男孩子似的整天搞恶作剧。淘气的女孩不讨人喜欢！"结果时间长了之后，陶乐认为自己就是不招人喜欢的女孩，无论家长怎样说，她总是一副满不在乎的样子，疯疯癫癫的，一点儿都乖巧不起来。

在这个案例中，陶乐之所以会这样，就是因为家长总是看到陶乐的缺点并且给予批评（即给陶乐消极的心理暗示），于是她开始破罐子破摔。这种只否定不肯定的做法也正是很多家长的常见做法，他们常常觉得自己的孩子这也不好那也不好，结果孩子的情形就真的越来越糟糕。

其实，每个孩子出生时都是一张白纸，这张纸上会画出怎样的图画，决定权很多时候是在家长的手中。家长否定性的评论只会给孩子一种消极的心理暗示，最终导致一个不好的结果。要想改变这种状况，最好的办法就是家长要给孩子积极的心理暗示。在积极的心理暗示下，孩子会越来越乐观、自信，自然也就会向积极的方向发展。

罗尔斯住在纽约一个糟糕的贫民窟里，和他住在一条街区的还有很多黑人小孩。

罗尔斯整天跟他们在一起，大家无所事事、“无恶不作”。旷课、打架，对罗尔斯来说从来都是“家常便饭”。直到有一天，罗尔斯的小学校长皮尔·保罗来到罗尔斯面前，对他说：“一看你这双修长的小手就知道，将来你是纽约州的州长。”听到这话，罗尔斯的心为之一振。从那以后，只要一想到校长的话，他就会热血沸腾、颇为兴奋。慢慢地，罗尔斯开始关注州长的一举一动，对演讲、组织大家活动等事情产生了浓厚的兴趣，并把“当上纽约州州长”当作一个理想，时刻鞭策自己。用他自己的话说就是：“在以后40多年的时间里，我没有一天不按照州长的身份做事。”若干年以后，这个曾经终日“鬼混、堕落”的黑人小孩成为美国纽约州历史上第一位黑人州长——罗杰·罗尔斯。

可以说，改变罗尔斯命运的只是校长的“将来你是纽约州的州长”这样一个积极的心理暗示。这也给了家长们一个启示，即促进孩子成长的最直接的方法就是：先挖掘孩子身上的优点，接下来在实事求是的基础上将孩子的优点稍稍放大，再对他进行中肯的赞美和鼓励。

很多时候，家长的一句话就能左右孩子的一生。在教育孩子的过程中，家长要谨言慎行，多给孩子积极的心理暗示，而不要总是否定、批评孩子，这样家长才能拥有一个聪明、健康、乐观的孩子。

奖励得法，不拿金钱当作诱饵

物质奖励不仅是教学中常用的手段之一，也是家庭教育中的一种手段。不同的是教学中的奖励一般是以激励为主，而这也正是奖励的基本目的；而家庭教育中的物质奖励一旦掌握不好度，就会使孩子的注意力转移到奖品上，让孩子为了获得奖励而做事，结果不仅达不到教育的目的，还会适得其反。

爸爸第一次奖励白玉是在他刚上幼儿园的时候，那次，他在幼儿园里得了 5 朵小红花，是所有小朋友中最多的。爸爸便特地带白玉去吃了一顿肯德基。事后，爸爸跟白玉约定，今后只要他表现好，就会奖励他一样东西。等到白玉上中班的时候，他的小红花越得越多，爸爸每次都履行诺言，而且奖品的档次也越来越高。后来白玉就要上小学了，并且在全市歌唱比赛中获得了一等奖，这次，白玉向爸爸提出要去迪斯尼乐园玩作为奖励。这大大超出了爸爸的预期，他不禁开始担心，如果这次答应了儿子的要求，下次又该拿什么奖励儿子呢？

在现实生活中，很多孩子也和白玉一样“胃口”越来越大，使得家长感到为难和困惑：孩子表现得好，家长该不该给予物质奖励呢？如果要给，自己究竟如何给孩子以正确的奖励？

我认为，适当的物质奖励对孩子来说确实能够在一定程度上激励他发扬优点，改正缺点，继续进步。同时，这也是家长为孩子取得的成绩而高兴的表达方式，是人之常情，无可厚非。但需要注意的是，物质奖励只是家长表达对孩子的激励之意的手段而已，只能在一段时间里适当运用，如果家长长期以物质奖励作为激励手段，不仅会滋长孩子的虚荣心，让孩子学会攀比，甚至会让孩子逐渐把家长对他的爱理解为功利的、可物化的。这样，物质奖励就起不到激励的作用了。

12 岁的卢岩是个聪明的“小滑头”，不仅学习成绩好，而且主意也特别多。家长为了奖励他每次都能考出好成绩，就经常给他零用钱。时间长了，卢岩一取得点儿成绩就伸手向家长要钱，不仅在学习上如此，他每做一件家务事时，都会向家长索要“服务费”：扫地 1 元，洗碗 5 元，代买东西则收 20% 的跑道费，而家长为了鼓励孩子多做家务事，竟毫不犹豫地同意按儿子的要求付钱。卢岩的家长觉得以这种方式给儿子钱，可以让儿子认识到劳动创造财富，但他们没想到的是，有几次，家长因为当时没有零钱，就没有支付给卢岩钱，卢岩就拒绝做家务，家长说他的时候，他还振振有词地说："你又不给我钱，我为什么要给你干活？"家长这才意识到问题的严重性。

从某种程度上来说，孩子以自己的劳动换回零用钱是无可厚非的，但问题是，在家庭和集体里，每个人都要承担一定的责任和义务，而这些责任和义务是不能用金钱来付酬的。比如，做家务是孩子的本分，孝敬家长是孩子的义务，学习是孩子成长过程中必须经历的，对于这些事情，如果家长也用金钱来付酬，就会让金钱腐蚀孩子的心灵，让他们根本不能真正懂得自食其力的含义是什么。

因此，家长需要明白的是，即使要给孩子物质奖励，也要把握好度，要从激励的角度给予孩子物质奖励，而不能把物质奖励作为让孩子承担自己的责任和义务的条件。在这方面，小说《母亲的账单》里的母亲为大家做出了很好的榜样。

彼特经常帮妈妈做家务。有一天，彼特带着一脸的得意向妈妈开列了索取奖励的账单，账单上面写着妈妈欠彼特以下一些款项：

帮爸爸取回生活用品：10 芬尼；

帮妈妈把信送进邮局：15 芬尼；

帮助妈妈打扫卫生：15 芬尼；

自己一直很听话：15 芬尼；

共计：55 芬尼。

妈妈看了彼特开出的账单后，笑了笑什么也没说，不过她也给彼得开了一张账单，彼特看后发现上面写着彼特欠家长以下一些款项：

家长给彼特提供的 12 年的幸福生活：0 芬尼；

家长给彼特提供的 12 年的食宿：0 芬尼；

家长在彼特生病时给他的周到的护理：0 芬尼；

爸爸妈妈一直很爱他：0 芬尼；

共计：0 芬尼。

妈妈这张特殊的账单使彼特十分羞愧。他深深地把头埋进妈妈的怀里，并把已经索要的钱悄悄地塞回了妈妈的口袋里。

彼特的妈妈高明的教育方法给了我们一些启示。家长对孩子的态度对孩子有着极大的影响，往往决定了孩子将成为什么样的人。所以，家长千万不能过分地用物质来奖励孩子，以免孩子成为见利忘义、唯利是图的人。以下是我的几点建议：

（1）尽量不用物质作为对孩子的奖励，以免使孩子把索取奖励当作习惯或目标。

（2）必要的物质奖励可以是不贵重的，但必须是有激励意义的。比如，孩子绘画比赛得奖，家长就可以奖励一盒画笔；孩子歌唱比赛得奖，家长就可以奖励一张 CD。

（3）家长要让孩子知道，如果孩子只是为了获得奖赏才好好表现，家长会很失望和伤心。

正确看待孩子，分数不是唯一的衡量标准

在一所小学的门口，一个孩子兴冲冲地对来接他的妈妈说：“妈妈，这次我数学考了 98 分！”孩子的妈妈马上问其他同学考了多少，当听到别的孩子有的考了 100 分的时候，她有些不满，说：“为什么人家能考 100 分，你就不能？”听到妈妈的话，孩子原本兴奋的表情一下子消失得无影无踪，取而代之的是一脸的委屈与沮丧。

还有一位家长，当朋友拜访她时，朋友问孩子是不是放假了，

期末考试成绩怎么样？那个孩子骄傲地说，语文考了98分，数学考了99分。朋友一听连连称赞孩子真棒，这位妈妈虽然也很高兴，但她还是白了自己的孩子一眼，嗔怪地说道：“你们班里有那么多考双百的同学呢，等你也考个双百再来吹牛，那才叫本事呢！”这位妈妈之所以这样说多半是为了让孩子谦虚，当然，孩子听了这些话后有些不服气，于是做了个鬼脸就跑开了。

现在有很多家长在孩子的分数问题上都犯过类似的错误。上面两位家长虽然说话的口气和用意不一样，但是她们的话语中传达的价值观却是一样的——满分才是最棒的。家长就这样把学习变成了一件功利的事情，并且在不知不觉中让孩子偏离了学习的正途，把高分当成自己追求的目标。

很多家长判断自己的孩子学习好坏的标准就是考试成绩，这些家长共同的表现就是单纯地向孩子要成绩，而把孩子真正的能力放在一边不管不问。

有一位教师，她的儿子很聪明，刚开始的时候，她觉得自己所在的学校教学水平不是很好，于是特意把儿子送到市里一所最好的寄宿制学校学习。那所学校以学生的考试成绩好而著称，学校里的孩子们从上一年级开始就每周都有考试。这位妈妈每周末去接儿子的时候，首先问的不是孩子的生活怎样，而是直接跟孩子谈考试。尽管孩子学习不错，但是由于比较粗心，试卷上总会或多或少地出现错误，所以得满分的机会很少。这位妈妈也懂得孩子需要鼓励，每次总是安慰儿子说：“没事，九十多分也不错，争取下次考满分。”

在期中考试前的一次小考中，儿子终于拿到了满分，他高兴极了。妈妈接儿子回家后，马上就让孩子给爷爷奶奶打电话，汇报自己考了满分。于是全家人都一个劲地夸孩子，还纷纷许诺说孩子期中考试如果能拿满分就给他奖励。到期中考试的时候，她一再叮嘱儿子考试时要认真，好好检查试卷，不要粗心，争取考满分。考试后她去接孩子的时候，孩子一见妈妈就情不自禁地哭了，告诉她自己考得不好。这位妈妈尽管有些失望，但是没有批评孩子，她只是像以前那样再次鼓励儿子争取下次考满分。

这位妈妈觉得自己的这种教育方式很有效果，但是这位妈妈的做法真的正确吗?

其实这位妈妈的错误就在于把儿子的目标定位在满分上，但是对孩子的学习能力、态度以及方法没有关注。她的行为看似是在鼓励儿子好好学习，但实质上只不过是在追求作为家长的满足感而已，而她及家人那种共同的“满分癖好”，多多少少会误导孩子，而他们对考出满分后的许诺，看似是在鼓励孩子，却没有多少激励作用，反而会给孩子施加很大的精神压力。

满分其实是一个成绩极限，家长对满分的癖好，只能不断地制造孩子的失落感及内疚感——孩子从偶尔获得的好成绩中可以获得暂时的愉快，但大多数时间里，他们的内心都是处于不安与痛苦中，因为他们不知道自己下一次考试会有怎样的成绩，会不会让家长满意。最终，孩子总是惴惴不安，一心只惦记着分数，而真正的学习目标却在追求分数的过程中迷失了。

“分数”和“成绩”其实并不完全相同，分数可以从一定程度上反映成绩，但是分数并不等于成绩。如果家长总是从孩子每次考试的分数来定位孩子的成绩，却没有培养孩子对学习本身的兴趣，那么即便孩子“成绩优秀”，也只是一时的彩虹罢了。

很多家长经常奇怪：“为什么我的孩子在小学时成绩很优秀，经常考九十多分或 100 分，但是上了中学之后就不想学习，分数也下降了很多呢？”出现这种情况，原因固然有很多种，但最大的原因就是一部分孩子从小就形成了不良的学习动机，这种不良的学习动机限制了孩子的视野和能力，使他们发展的空间变得越来越狭小。

孩子最需要的是能力而不是分数，因此，家长应该注重培养孩子对知识的好奇心、爱钻研的精神、提出问题的能力、自己解决问题的能力、平和的学习心态与持之以恒的毅力，而这些才是学习的目的所在。因此，作为家长，最好不要用分数给你的孩子定位。

成绩显示了孩子某一段时间的学习成果，影响成绩的原因也是多方面的，比如这段时间的学习态度、学习方法、考前复习及考试时的心理状态和身体状况等。所以无论是家长还是孩子，都不要把成绩看得太重，要知道它只是体现了孩子对前段时间的知识的掌握情况，此时应该做的是弥补欠缺的知识，争取下次取得好成绩。然而有的家长事事都和成绩扯上关系，给孩子增添了无谓的心理压力。对于这种心态，我建议家长做到以下几点来改正：

1. 正确看待孩子的分数

孩子考了不理想的分数，有的家长就点着孩子的脑门骂他“笨”“没出息”，这样做的严重后果是伤害了孩子的自尊心。自尊心是孩子宝贵的情感，如果被伤害，别说提高分数，很可能会就此毁掉孩子的一生！要知道，每个人至少有9种智能，即语言、数学、逻辑、音乐、身体、空间、人际关系、内省和自然观察，以此作为衡量标准，所谓分数上的“差生”几乎不存在！

其实“冰冻三尺，非一日之寒”，孩子的学习成绩好坏与家长的言传身教和家庭环境密切相关，有的家长平时只忙碌自己的事，把孩子抛在一边，偶尔过问一下，也是蜻蜓点水，敷衍了事，这样很难教育好孩子。

2. 不要过分看重一次的分数

一次考试的分数毕竟只是一段时间学习的产物，我们应该用发展的眼光从过去、现在与将来的有机联系中去对待分数。分数下降了，应该与孩子一起寻找原因，总结教训，争取下回成绩赶上来；分数提高了，也要分析提高的原因，让孩子在体会成功的喜悦的同时了解成功的原因，戒骄戒躁，为下次取得更好的成绩奠定坚实的基础。

3. 要善于用比较激励孩子进步

家长要善于利用比较来激励孩子进步。对孩子进行纵向比较，也就是把孩子现在的成绩与他以前的成绩比较，可以发现他的进步和退步及其原因；将孩子与比他成绩稍好的孩子做比较，可以发现孩子的差距和不足，另外，因为两个人的情况比较接近，孩子容易接受，能因此产生努力学习的动力；对于成绩优秀的孩子，可以将他与班上的第一名或其他班的第一名进行比较，让孩子有紧迫感，避免骄傲。但不要随便拿学习一般的孩子与学习最好的孩子做比较，目标过高，孩子会产生消极情绪，不利于孩子进步。

总之，家长应尽的责任是引导孩子正确地对待学习，帮助孩子养成良好的学习习惯，面对不理想的成绩，家长要多问问自己该帮助孩子做点儿什么，还要帮助孩子树立信心，告诉他“你行”。

尊重孩子的隐私，别偷看他的日记

生活中，很多家长在提及孩子的隐私问题时，都会持一种不以为然的态度，认为小孩子没有什么隐私可言。有些家长认为，孩子在父母面前不应该有丝毫秘密，所以家长为了透析孩子的想法，就会偷看他的私人信件或日记，并认为这种行为是天经地义的。

孩子的心声：读初二的芳芳认为，最讨厌的事情莫过于家长偷看她的日记、偷听她的电话。芳芳认为家长的行为和贼一样，她对同学说：“我的父母如果长期这样下去，我和他们的隔阂就会越来越大。”所以，她有什么事情都不愿和家长交流。

家长的心声：现在的社会太乱了，孩子却过早地成熟，面对的诱惑也很多，不了解他们的行为和想法怎么行呢？平常问他们也不说，只能通过窃听他们的电话或者偷看他们的日记来了解孩子现在和哪些人交往，这是家长应尽的监护义务，也是为了孩子好。

孩子和家长的这些心声并不是个别现象，如今很多孩子都抱怨家长的行为侵犯了他们的“隐私”。随着年龄的增长，孩子的独立性越来越强，就会拥有自己的“秘密”，有些事情他们可能不知道该怎么和家长说，此时日记就是最好的倾诉对象。但是家长总会以对孩子负责、关心为由，想尽办法进入孩子的私密空间，于是偷翻日记、窃听谈话就会成为获知秘密的手段，殊不知，这些是孩子最反感的行为。孩子会认为家长对自己缺乏信心，他们的不满情绪就会油然而生。如此一来，家长和孩子之间就会出现新的沟通障碍，有的孩子性格变得扭曲，甚至会因此患上抑郁症，使得原本浓厚的亲情变得淡薄了许多。

面对这种矛盾，我建议家长应该尊重孩子的隐私权，不要随意地踏入他们的“私密城堡”，这是对孩子的尊重。家长如果有意强行地“入侵”，孩子的心灵就会从此对你关闭。家长应该平视孩子、尊重孩子，想要走近孩子，就要多与他沟通，了解他的内心世界，还孩子一片快乐、纯净的心灵空间。

家长如果一味地采用野蛮的做法，就会遭到孩子的强烈抗议。虽说家长的出发点是关心孩子，殊不知，这种方式的“关心”，无异于把孩子看成是一件自己的附属品，而不是将孩子看成是一个具有完整人格的独立个体。

雪松的妈妈对待儿子可谓“尽心尽力”，尽管雪松已经上初三了，妈妈还是每天开车送他到学校门口，如果他偶尔和同学发生点儿小矛盾，妈妈就会出面为儿子解决。最近，妈妈发现雪松经常走神，偶然被妈妈看见还会躲闪，由此，妈妈就判断儿子对自己有所隐瞒。于是，她就趁雪松不在家时，偷偷地翻看他的日记，发现儿子最近喜欢上了同年级的一位女同学，但是遭到了女孩的拒绝。此时，一心想让孩子考大学的妈妈对雪松的行为感到很失望。在儿子放学时，妈妈就对他进行了一顿劈头盖脸的批评，还将日记扔向雪松，一向温顺的雪松竟然对妈妈咆哮起来，然后转身离去。虽然后来雪松被爸爸找了回来，但是从此变得沉默不语，成绩也一落千丈。

有的家长习惯对孩子进行过度的保护，并替孩子包办一切事务，发现孩子对自己有所隐瞒时，就会千方百计地查看孩子的行踪，尽管出发点是担心孩子，但是这种教育方式确实不可取。孩子无论大小，都有自己不愿让别人知道的事情，即使是幼儿园的孩子也不例外。

如果家长无法理解孩子的不满情绪，不妨换个角度来考虑，假如自己的孩子偷看了家长不愿意让人知道的信件或日记，你会作何感想呢？所以，家长要先尊重孩子，把孩子看成一个独立的个体，将孩子和自己置于平等的位置上，允许他们有隐私。

孩子的秘密是其生活的一部分，没有秘密的孩子是长不大的，正是因为孩子珍视心中成功的喜悦和失败的痛苦等，才会对人生有所追求，在思考疑惑时，孩子独立解决问题的能力才会有所提高，承受力也会有所增强。如果家长不尊重孩子的秘密，孩子就会反感家长的做法，致使双方之间出现隔阂，难以沟通，家长就更无法了解孩子了。

在对待孩子隐私的问题上，家长必须注意以下几点：

1. 心中有数，静观其变

家长应该知道，孩子心中有秘密是再正常不过的事情了，不要对此大惊小怪，最不明智的做法就是乱翻孩子的东西，强迫孩子说出他不想说的话。

家长对于孩子的秘密要持一种静观其变的态度，你要明白，你越是想知道孩子的所有问题，其结果往往是什么都不知道。

2. 在沟通的基础上正确引导

给孩子一片自主选择的空间，不将自己的意愿凌驾于孩子的行为之上，创造与孩子交流的机会，正确地探索孩子的内心世界，减少不必要的神秘感，培养孩子的独立性和创造能力，对其行为给予正确的引导，多一些亲子之间的沟通，了解孩子心中的想法，家长的猜疑就会减少，并且有助于减轻自己和孩子的心理负担。

3. 行必正，言必果

家长总会有意无意地对孩子许下诺言，孩子眼中是容不得一粒沙子的，所以当家长不能兑现自己的承诺时，一定要及时向孩子解释清楚，取得孩子的谅解，切不可忽视孩子的感受。

4. 培养孩子对家长的信任感

孩子即使愿意对家长讲出自己心中的秘密，也不希望除家长之外的第二个人知道，所以你要懂得为孩子保密。

宏观看待优缺点，别拿孩子做比较

孩子最讨厌的就是家长拿自己和别人做比较，这也是伤害孩子自尊心最严重的方式之一。

小军曾是我班里的学生，去年参加完中考之后，他就显得很苦恼，原因是一直成绩优异的他没发挥出正常水平，分数偏低，只进了一所普通高中。没想到家里炸开了锅，家长的长吁短叹让小军无所适从，尤其听说邻居的孩子考进了省重点高中，家长更是向小军“开炮”：“你看看人家的孩子多有出息，你太给我们丢面子了。”

本来小军就为没能上个好高中而自责，听到家长这样说就更伤心了。他想不通，自己已经很难过了，为什么家长不能安慰一下，反而拿他跟别的孩子比呢？

“你看看人家孩子……”这句恐怕是大多数家长经常挂在嘴边的话。因为“望子成龙、望女成凤”心切，家长总想帮孩子加快前进的速度，生怕他们输在起跑线上。和小军的父母抱有同样心态的家长为数不少，对孩子期望值过高，使家长养成了一种把自己的孩子和别人的孩子对比的习惯，认为这样才能比较出差距，找到让孩子前进的动力。

希望孩子进步没有错，可是“攀比性”的语言往往会伤害孩子的自尊心，影响孩子的心灵成长。

某小学五年级针对现在家长对孩子的教育方式，开展了一项“孩子最不愿意听到家长说哪句话”的调查，结果显示，参与调查的学生中，有80%认为“人家的孩子太优秀了”或者“跟人家比，你差远了”这两句最不能接受。有专家指出，攀比性的语言相当于时刻在提醒孩子：“你就是没出息，家长对你失望透了”，随时都在打击孩子的自尊心。

我的学生小辉说他的家长经常拿他跟别的孩子比较，嘴上总是挂着几句话：“人家学习比你好，你就不能向人家看齐？”“你看看和你同龄的孩子，哪个不比你强”……难怪小辉喜欢独处，做任何事都没有信心，原来和他家长的教育方法有很大关系。

家长攀比性的话语使孩子产生了自卑心理，损伤了他们的自信心。有的孩子不仅像小辉一样内向，还越来越反叛，家长越是这样说，孩子越觉得厌烦、听不进去。

过分看重面子的家长也容易说一些攀比性的话，总想让孩子在各方面都表现完美，给孩子提的要求中不但包含孩子应该做的，而且包含自己从前喜欢做但是没做到的。对面子的过分看重，让这些家长在对孩子的比较中争强好胜，寻求平衡。

我认识一个家长就是这样。她的孩子偏科比较严重，数学分数很高，语文分数却很低，每当有人问起她孩子的成绩时，她都刻意隐瞒孩子的语文分数，说：“我家孩子特别优秀，长大了肯定能当上数学家，这次又考了高分。”在周围人的羡慕声中，她感到很满足。她还让孩子参加课外班去学习计算机编程，她的孩子年纪尚小，根本没法掌握那么高深的科目，她这样做只是为了满足她自己的虚荣心。

这位母亲的虚荣心十分不利于孩子的成长，她夸大了孩子的优点，掩饰了缺点，不能正视孩子遇到的问题。这样做可能会让孩子觉得难为情，也可能让孩子分不清事实，在家长的过分夸奖中迷失了自己，认识不到自身的缺陷，以为自己是最优秀的，从而变得骄傲自满。

每次走在街上，看到那些在休息日还要去一个个学习班、辅导班、兴趣班的孩子们，我都不禁会想，他们中有几个是自愿学习的呢？有些家长盲目从众，看到别人怎么做，他们也跟着怎么做。看到别人的孩子上了英语班，他也立刻给自己的孩子报上；看到别人的孩子学习奥数，马上让自己的孩子也去学，认为只要给孩子创造同样的条件，孩子就不会落后于别人。在这种苦心的驱使下，他们往往只在乎别人的孩子学习进度如何，却忽视了自己孩子的自身特点。

我的学生小蕊是家里的独生女，又是班级的英语课代表，家长对她的成绩十分关注，每次拿回成绩单，家长都要仔细比较一下，和排在第一的学生差了几分，差在什么地方。家长的对比，给小蕊带来了很大压力。

一次上课的时候我提问小蕊，她回答不出来，下面的同学却一起说出了答案。小蕊的神情马上变得很不自然，眉头紧紧皱着。下课后我找小蕊谈话，她焦虑地说："我做作业或者考试的时候都会先看看别人，看着他们认真答题的样子我很紧张，生怕他们把我落下。如果我会答的别人也会，我的心里就不舒服。"小蕊希望自己的成绩能保持在班级的前五名，偶尔成绩下降了她就十分沮丧。

小蕊的心结是家长带给她的，因为家长总是拿她跟别的孩子比较，给她带来了不小的心理压力，她不知道怎样才能像其他同学一样专心又放松地学习。

我说："小蕊，首先你要明白，你的家长是为了你的前途着想，但是他们用错了方法。你不能给自己太大的压力，调整好心态，再跟家长好好沟通一下。”我建议小蕊给自己制作“小纸条”，把每天要完成的目标写上去，这样能很明显地看出自己有了哪些进步，有助于树立信心，激励进步。

按照我的办法，小蕊开始制订详细的学习计划，不关心别人的学习进度，只专心做好自己的功课。我又找到小蕊的家长，跟他们介绍了小蕊的情况，并告诉他们给小蕊宽松的学习环境，不要让她的心里“背包袱”。她的家长非常愿意配合。一段时间过后，小蕊的紧张情绪明显消失了，人也开朗了许多。

攀比会给孩子带来负面效应，结果只能是降低孩子的信心，增加其紧迫感和压力，而带着压力学习是非常不利于进步的。被家长推动着学习，远没有自主学习带来的成就感强烈。

现在很多人说孩子爱慕虚荣、互相攀比，在我看来，家长的影响占了大部分原因，也就是说，是家长教会了孩子“攀比”。

我不禁想起了很久以前看到的一个教育案例：

一对夫妻很虚荣，妻子时常在孩子面前向丈夫抱怨：谁家房子装修得很漂亮，谁家买了新车，有时还会满怀嫉妒地责怪丈夫：“你就不能学学他们啊，也多挣点儿钱，让我风光风光。”

一天，妈妈去接孩子放学，孩子一路上都闷闷不乐的。妈妈刚一询问，孩子就大声说：“我同学的家长都开车，你们连车都没有，真给我丢脸！”妈妈听了当场愣住了。

正是由于长时间的耳濡目染，母亲的攀比心理“传染”给了孩子，孩子也学会了“攀比”。家长应该改正自身爱攀比的毛病，用一颗平常心对待孩子，更多地了解他们的需要，给予积极的指引。

孩子作为独立的个体，需要家长的尊重，而“攀比”恰恰破坏了对孩子的尊重。正如一位中学生说的：“我们本身没有多大压力，都是家长太爱攀比了，我们觉得处处都不如别人，压力非常大。”

孩子迷茫时，我们应该和他多商量，共同找出解决问题的方法。

孩子犯错时，要指正他的错误，同时告诉孩子，相信他下次能做得更好。另外，让孩子多和同学、伙伴接触，促进共同进步，只有在群体中成长的人，才能很好地融入社会大家庭。

掌握语言技巧十分必要，家长要多说一些鼓励的话，把“跟人家学学”“看看人家孩子”之类攀比性的话抛之脑后，做孩子的良师益友。

家长会后，别拿批评当家常菜

他被称为“中国最牛的班主任”，2003 年，他所在的班级有 49 名学生参加高考，其中有 37 名学生考上清华大学、北京大学，10 名学生考入英国剑桥大学、牛津大学、美国耶鲁大学等国外名校。他不仅是一位优秀的老师，而且还是一位成功的父亲，他将没有考上高中的女儿送入了北京大学。他就是中国人民大学附中副校长兼网校校长王金战。那么，他是如何造就英才，当好家长的呢?

很多孩子都害怕父母去参加家长会，不少家长在开完家长会后主要有两种态度：孩子受到表扬，家长往往一脸笑容；孩子受到批评，家长往往气不打一处来，回家之后会将火气发泄到孩子身上。

在王金战看来，开完家长会后，家长有必要认真“备课”，特别是在家长会上挨批评孩子的家长，更要好好地准备怎样鼓励孩子。比如，家长会上老师说了孩子的缺点和毛病，家长最好先结合孩子的实际情况，然后心平气和地与孩子好好谈一下。切忌对孩子大吼大叫，更不要质问孩子：“为什么老师总是批评你？”这对孩子的伤害最大。

作为孩子最亲近的人，家长首先要学会赏识孩子、鼓励孩子。

有这样一位妈妈，在家长会上，幼儿园的老师对她说：“你家儿子好像有多动症，坐椅子不超过3分钟就开始乱动，我建议您带他去儿童医院检查一下。”妈妈听后很心酸，但她还是告诉儿子：“老师表扬了你，说你是全班进步最快的孩子，原先坐椅子只能坐不到1分钟，现在居然能坐3分钟了。”那天吃晚饭时，儿子格外高兴，吃了两碗米饭，居然第一次不用妈妈喂。

等到儿子上小学时，在家长会上老师对这位妈妈说：“全班50名学生，这次考试您儿子排在第40名，我怀疑他智力有些问题，您最好带他到大医院去查查。”在回家的路上，妈妈偷偷地留下了泪水，但是当她回到家之后，却对儿子说：“老师对你充满信心，并且说你不是一个笨孩子，只要你能够细心一些，终有一天会超过你的同桌，这次你的同桌排在第21名。”说完这句话时，妈妈发现儿子暗淡的目光一下子明亮了许多。第二天上学时，他比以往任何时候起得都早，而且早早地背起书包去上学了。

转眼间，儿子上了初中，又开了一次家长会。出乎意料的是，这次儿子的名字没有出现在差生的行列。临走之前，妈妈找老师单独谈了一会儿。老师说：“按照他现在的成绩，考重点高中有些问题。”回去之后，妈妈对儿子充满希望地说：“儿子，班主任告诉我，他对你非常满意，只要你再努把力，考重点高中是没问题的。”

最终，儿子考上了清华大学，当拿到通知书的那一刻，儿子边哭边说：“妈妈，我知道我不是一个聪明的孩子，可是，在这个世界上只有你欣赏我……”

差生是如何产生的？在王金战看来，反复遭受失败打击的孩子最容易成为差生。而让一个差生转变成优秀的孩子，最简单的办法就是让他体验成功的喜悦。成功并非一朝一夕就能实现的，它需要积累进步的成果。那么，如何让差生体验成功的喜悦呢？方法就是不断地挖掘孩子的优点和长处。

在王金战看来，差生和优生不是与生俱来的，而是家长和老师教育的成果，它是阶段性的现象。

有一次，一个山东老乡带着自己正在读高二的孩子找到王金战，希望他能帮助一下孩子。一开场，王金战问孩子这次期末考试成绩如何，还没等孩子开口，家长就急忙抢答，气呼呼地说：“简直一塌糊涂！”

此时，王金战支开孩子的家长，与孩子单独聊天。在聊天过程中，他发现，孩子虽然经常排在倒数几名，可这次考试却提高了两名，于是，他对孩子说：“你很有发展潜质，其实你已经很努力了，用两个月时间提高了两名，照这样努力下去，现在距离高三还有一年半的时间，我相信，在你的身上有可能会出现奇迹！”在王金战的夸奖下，孩子立即挺起了胸膛。

紧接着，王金战趁热打铁，引导这名学生寒假要做哪些具体的事情，而此时，在孩子的心中早有自己的计划和安排，于是，王金战就和孩子逐条谈论并调整计划，最终落实成条款。最后，孩子自信地拿走了计划。后来，家长打来电话说：“孩子进步很快，学习的自觉性和积极性有了明显的提高。”

王金战经常会说：“每个孩子都有使自己完美的向上心理，只是缺乏必要的毅力和执行力。”聪明的家长会有两个目标：一个是近期的，一个是远期的。远期目标要放在心上，而不是嘴上。而近期目标就是要抓住孩子每一次的微小进步，一点点儿地往上加任务。对于孩子的每一次进步，家长都应该及时给予鼓励和表扬。问题越多的孩子，越需要家长和老师多寻找他身上的优点，抓住他身上每一点的进步，在他面前有针对性地给予表扬。

王金战认为，通常来讲，被表扬三次的孩子就能够彻底、长足地走向优秀，这就是他所谓的“三步优秀法”。培养优秀的孩子是需要时间和氛围的，家长首先要有平和的心态，也许是三个月，也许是三年，只要孩子步入这个轨道，他的成功就是可以预期的，也是指日可待的。

家长在教育孩子时，普遍会采用“表扬”的手段，希望通过这种方式让孩子养成良好的行为习惯。然而，在具体的家教实践中，表扬的效果并非一致的，有时甚至会适得其反，这是因为家长运用表扬的方式不同。那么，究竟该如何表扬孩子呢？

1. 家长要对孩子的行为表现给予足够的关注，并且及时给予表扬

在日常生活中，不少家长经常会抱怨孩子毛病过多，例如打架、还嘴、学习成绩差……而实际情况并非如此。家长不妨自我反省一下，自己对孩子是否认真观察过？当你的孩子安静地做一件事或是和小朋友嬉戏时，你是否熟视无睹，等到发现孩子吵架时才来充当调解人，对孩子进行严厉的批评？

在孩子们看来，这种家长总是跟自己过不去，每天只知道板着面孔训人，一点儿也不和蔼可亲。家长应该明白，在孩子的世界里，最渴望得到的是父母对其行为的关注，或是赞许。家长要知道，如果孩子的积极行为达不到目的，那么，他就会采取消极行为进行对抗。假如你没有表扬孩子的习惯，不妨现在来试一下。

家长要留心孩子在做什么，如果他现在的行为令你满意，你不妨立即表扬他。要知道，表扬的力量是无穷的，在家长的赞誉声中，孩子的行为会发生奇迹般的变化，积极的行为会与日俱增，消极的行为会随之减少。

2. 家长的表扬要有明确的目标指向

家长要明确地表扬孩子：“你是好样的，是爸爸的骄傲。”而不是说：“你真是好孩子。”或者直接表明自己的观点：“爸爸喜欢你这样做。”这种明确的目标指向会产生积极的效果，使孩子认识到：做得好坏直接关系到自己的“名誉”。为了获得好名声，孩子就不会再出错。

3. 表扬要具体明确

要让孩子知道是哪种行为赢得了表扬，表扬越具体，孩子越容易理解，且会重复这一行为。例如，当孩子早起时，先收拾床铺，然后再去洗漱。这时你说："做得很好，孩子。"然而孩子并不知道是哪种行为赢得了你的表扬，此时，不妨换一种方式夸奖："你起床后将床铺收拾得很整齐，这样做非常好。"

心理测试：你教育孩子的方法对吗？

教育孩子的方法多种多样，但前提是你要了解孩子的个性，只有这样才能知道你的教育手段是否得法，也会为你今后教育孩子提供一些启示。本测试共 10 道题，每道题有 4 个答案，按照你的实际情况选择答案，然后根据评分标准统计分数。

1．孩子难过地告诉你，他的一件贵重的东西丢了，你会有什么反应？

A．马上安慰孩子，心中充满了怜悯之情，尽最大能力不让孩子为此事伤心。

B．帮孩子寻找未果时，决定再也不给他买这种贵重的东西了。

C．脸上立即显露出不悦的神情，为此事好几天都不开心。

D．你会强调丢失物品的价格，以此来惩罚孩子。

2．孩子期末考试有两门功课不及格，你为此大受打击，因为平时你为孩子的进步付出了许多的心血，此时你的态度会怎样？

A．你会和孩子一同分析失败的原因，然后在假期内制订补课计划。

B．你会责骂孩子考前没有好好复习，然后用命令的口吻对孩子说要在假期把这两门功课补上。

C. 你会平淡地对孩子说:“下学期好好努力,最好把功课抓上去。”

D. 你会责怪老师教学无方,帮孩子找出各种各样的理由为他的成绩开脱。

3. 下班回家之后,你本来很累,心情也很烦躁,但是你之前已经答应孩子要陪他去看电影了,你此时会怎样做?

A. 稳定情绪,打起精神,和孩子一起去看电影。

B. 告诉孩子自己很累,不妨改日再带他去看。

C. 如果孩子要求你一起去,你就会采取不理睬的态度,任他不高兴。

D. 如果孩子再三要求去,你会恼怒地把气出在孩子身上。

4. 如果发现钱包里的钱少了,并且孩子也承认是他拿的,你会如何处理这件事情?

A. 你会先问孩子把钱用在什么地方了,然后再采取具体措施。

B. 让孩子交代拿钱的动机和经过,并且答应孩子只要把事实讲清楚,可以免受体罚。

C. 你不管三七二十一,先打孩子一顿再说。

D. 你会为此焦虑不安,既感觉事态严重,又想不出解决之道。

5. 你批评孩子时,孩子顶撞了你,气头上的你打了他一巴掌,可事后你又发现冤枉了孩子,你会怎么做?

A. 作为补偿,你会给孩子买一份他喜欢的东西。

B. 在和孩子谈心时,向他承认自己错怪了他,并请他原谅自己。

C. 认为管孩子是天经地义的事情,即使错了也没什么。

D. 你在心中告诫自己,以后遇到类似的事情要冷静,但是认为向孩子道歉是不必要的。

6. 你在孩子的书包内发现香烟或不健康的书籍,你会怎么做?

A. 你认为此事并不重要,但是孩子做错另一件事情时,你会向他提及此事。

B．断绝孩子的零用钱，防止他买香烟或不健康的书籍。

C．你会装作什么都不知道，但是会经常向孩子讲吸烟或看不健康书籍的危害。

D．等待适当的时机，最好当场抓到证据，防止孩子不承认，然后狠狠地教训他一顿。

7．孩子告诉你，老师要你去一趟学校，你会如何看待此事？

A．听到这个消息以后，你的第一反应就是发怒，然后当场判定孩子一定在学校做了坏事。

B．你会先弄清老师请家长的原因，并且警告孩子，如果老师告他的状，回家一定不会饶了他！

C．为了做到心中有数，你会让孩子先交代最近在学校里的表现。

D．不了解情况的你会尽量抽出时间去学校一趟，并乐于去见老师。

8．孩子做什么样的事情会令你十分高兴？

A．发现孩子最近在学习上特别用功，或者品德上有良好的表现。

B．平时考试取得优秀的成绩。

C．很听家长或长辈的教诲。

D．用平时积攒的零用钱给你买了一件礼物。

9．孩子做什么样的事情会使你难过？

A．没有突出的表现，各方面都平平常常的。

B．考试经常不及格。

C．不听家长的教诲。

D．做了坏事。

10．你希望孩子成为什么样的人？

A．善良且有本领的人。

B．符合自己审美要求的人。

C．只要能赚大钱就是最好的。

D．能为家人脸上争光的人。

评分标准

题号	1	2	3	4	5	6	7	8	9	10
A	3分	3分	3分	2分	1分	1分	0分	3分	3分	3分
B	2分	2分	2分	2分	3分	2分	1分	2分	2分	2分
C	1分	1分	1分	0分	1分	3分	2分	1分	1分	0分
D	0分	0分	0分	0分	2分	1分	3分	1分	1分	1分

测试分析

25分以上：你可以称得上是一位出色的教育专家，很了解孩子的心理和需求，并且在教育孩子方面积累了不少经验，所以你和孩子相处得十分融洽，你想孩子之所想，懂得他需要什么，最重要的就是你会与他站在同一起跑线上，你与他交流不用费吹灰之力。

21～25分：在教育孩子和与孩子沟通上，你使用的方式基本正确，但有时显得不够理智和聪明。你要想全面地了解孩子的想法，不妨和他多沟通，这样就会更好地促进两代人的感情。

16～20分：你虽然也管教和教育自己的孩子，但是方法常常不正确，也可以说你的方式不得“孩子意”，如果长期如此，你就会发现孩子离你越来越远。所以，以后在与孩子沟通时，你要注意方式方法。

15分以下：看来作为家长的你是很失败的，至少目前你还不懂得怎样做才是对子女负责，你很有必要学习一下沟通的课程。不妨向本测试中的高分家长学习一下，以此来弥补自己教子方面的不足。

教育是两个人的事情，绝非一人可全力担当。在教育孩子的过程中，父母都充当着重要的角色，而由于父母分工的不同，常常导致孩子父爱或母爱缺失。在本章中，针对中国家庭的教育常态，我来为大家阐述父母在家教中应充当的角色。

第六章 教育是一种合作——揭示父母正确的角色扮演

6

别让妈妈唱独角戏，家教不是一人之事

在中国，很多家庭都采用“男主外，女主内”的模式，妈妈主持家庭的各项事务，当然包括教育孩子；爸爸则在外面打拼奋斗，挣钱养家。有的父亲因为工作太忙，一个星期甚至一个月都不能和孩子说上几句话，孩子对父亲越来越陌生，情感的交流和沟通也就越来越少。

这种家庭教育模式和分工的形成，原因是多种多样的。有的家庭是因为父亲不负责任，认为自己是做大事业的，而教育子女是一件小事；也有的家庭是母亲比较主动，认为承担教育子女的一切事务是分内之事。

自然，作为女性有一些天然的、一般男性所不能比拟的长处，她们的感情更加丰富、细腻，做事考虑细致、周到，更适合照顾孩子的饮食起居，等等。

母亲怀胎十月生下宝宝，新生儿是吃着母亲的乳汁，闻着母亲的体味，看着母亲的微笑长大的，自然在感情上与母亲更亲近，对母亲也更依恋。孩子从情感上乐于亲近母亲，也愿意接受母亲的教育。然而，女性自身也有难以克服的弱点，比如敏感、脆弱等。这些弱点会潜移默化地影响孩子的性格、气质，对孩子的教育是不利的。我们要正视这一点，并且利用父亲的养育优势进行弥补。

1998 年 6 月，在美国出版的《父母》杂志中提到，父亲对孩子的成长，乃至一生都有下列影响：

（1）父亲更爱与孩子玩闹；

（2）父亲在与孩子的沟通过程中，语言更丰富、更复杂；

（3）父亲对孩子管束更多；

（4）父亲更好地帮助孩子发挥潜能；

（5）父亲更能形象地为孩子展示男人在现实生活中的行为和作用；

（6）父亲更能推动孩子的成长；

（7）父亲能够帮助孩子向社会化过渡，为他走向社会做准备；

（8）父亲在家庭中对妻子和孩子的关心与支持，将会影响孩子形成家庭责任感和社会责任感。

美国密执安大学研究人员详细比较了父亲与母亲对孩子的不同影响，发现父亲在孩子的成长过程中具有独特的作用——常与母亲相处的孩子具有对新鲜事物兴趣浓厚、擅长社交的特点；而常与父亲在一起的孩子智商略胜一筹，独立性与自信力更强。

也就是说，父亲更能促进孩子的智力发育。孩子与父亲接触越多，智商就越高，而且人际关系也更加融洽，在从事社会活动时，孩子的风格更趋向于开放、包容，具有进取精神。

与之相反，如果母亲全权负责孩子的抚养和教育，则会不利于孩子的健康成长和全面发展，可能会导致男孩缺乏阳刚之气，女孩更加柔弱、怯懦。

孙先生是一个大公司的老板，平日里忙得连和儿子说话的机会都非常少，一般的情况是：孙先生回到家里，儿子已经睡觉了，孩子早晨上学的时候，孙先生还没有起床。父子见面的机会都很少，更别说教育孩子了。

儿子高考的前一天晚上，孙先生还在外面应酬。他回到家里的时候已经是深更半夜了。妻子对孙先生说：“你知不知道儿子明天就要高考了？”

孙先生拍了一下脑袋说：“哎呀，我给忘了。”

妻子生气地说：“你还记得什么啊？整天就知道工作！”

孙先生说：“我不工作怎么养活这个家呢？你不要埋怨我了，

照顾家里、教育孩子本来就是你应该做的事情。”

妻子听见这句话就气不打一处来，但是因为害怕影响儿子休息，她并没有同孙先生争辩。

儿子的高考成绩并不理想，孙先生知道这件事后很生气。他从公司赶回家，见到儿子就训斥：“你怎么这么不争气啊，考成这样！亏得我忙死忙活地在外面挣钱给你花，你就用这样的成绩来报答我呀？”

孙先生说完儿子又埋怨妻子：“我把教育孩子的任务交给你，你就把孩子教育成这样啊？你看看他考试的成绩，你是怎么教育孩子的？”

妻子没有说话，默默地哭了起来。儿子看见妈妈在哭，就走上前去安慰妈妈。孙先生看着儿子说：“你妈妈是不是平时都不管你，让你一点儿没有紧张的感觉，所以才弄成今天这个样子？”

儿子看着孙先生说：“爸爸，那你平时管过我吗？”

孙先生说：“我工作忙啊，我哪里有时间呢？”

儿子哭起来，说：“可是在我的眼里，你这样做就是推卸责任。一直以来我就像在单亲家庭中长大的孩子一样，有时候，我犯了错误，我多么希望你用父亲的方式来教育我，但你总是没有时间。我有很多同学，他们的父亲也很忙，但总有时间和他们沟通、交流，而我的父亲却一直没有时间。现在，你看见我的考试成绩差，才跑过来责怪妈妈。妈妈也有工作，她也非常忙，她要照顾家还得照顾我，很辛苦。我不是一个单亲家庭的孩子，我有一个完整的家，我需要妈妈的照顾，也需要爸爸的爱护。”

儿子的话，让孙先生受到了震撼。这时他才意识到，原来儿子一直都觉得自己在推卸教育他的责任。为了检讨自己的过错，也为了能和儿子进行交流、沟通，在以后的日子里，孙先生无论多忙都会找时间和儿子相处。父子的关系渐渐缓和了，妈妈觉得儿子比以前更像个男子汉了，做起事情来也不再拖拉了，经过一年的复读，儿子终于考上了理想的大学。

我主张父亲在抚养和教育孩子的过程中不能缺席，绝对没有小瞧母亲、无视母亲的优势的意思，而是希望在孩子的抚养和教育过程中，父亲可以充分发挥自己的长处，使孩子在更加和谐的环境中成长。

一个在完整的家庭中成长起来的孩子，得到的爱也应该是完整的。虽然有很多人都说母亲的爱是伟大的，但父亲的爱同样是伟大的。家长的形象在孩子的心里都是不可缺失的，而孩子的教育问题也就不仅仅是母亲的事情，父亲同样有着不可推卸的责任。

父爱不缺席，警惕“缺乏父爱综合征”

美国专家用30项社会行为指标做了一个调查，调查对象是生活在无父亲家庭中的儿童，最终发现：在这些孩子中，普遍存在着忧虑、抑郁、孤独、多疑、任性、多动、依赖行为，称为“缺乏父爱综合征”。

除此之外，很多临床医生还观察到，与父亲接触少的孩子，在体重、身高、动作等方面发育的速度都不及正常家庭环境中的儿童。例如，在婴幼儿期的孩子，如果缺乏父爱，则认知能力发展缓慢；在学龄前的孩子，如果父母离异，孩子跟随母亲生活，那么他的智商测试也落后一大截……

缺乏父爱的孩子很多都会出现情感障碍，他们大多心存焦虑、自尊心不强、自制力差等，有的还有攻击性行为。

中央电视台曾经播过这样一则广告：一个小女孩得了奖状，她拿着奖状满心欢喜地回家，想把奖状给爸爸看。但是，爸爸在外面工作还没有回家。小女孩一直等，一有动静就跑过去看看是不是爸爸回来了，但是爸爸一直没有回家。墙上的挂钟已经指到晚上十一点钟了，小女孩嘴里喊着“爸爸”，抱着奖状躺在床上睡着了。

现代的家庭，有很大一部分孩子都是独生子女，而家长的工作都非常忙。尤其是父亲，和孩子待在一起的时间更是少之又少。有时候，孩子很渴望向父亲倾诉自己的心声，渴望得到父亲的关爱。但父亲却总是很忙，时间长了，孩子和父亲之间的关系就越来越疏远，隔阂也越来越深。

有一次，我的班上新转来一个叫小宇的学生，我觉得小宇是个听话懂事的孩子，就是常常表现得很沉默，上课时也从不主动回答问题。有一天，我特意把小宇叫到办公室里，想问问他学习和生活上的情况。但是，我发现，在我跟小宇交谈的时候，这个孩子一直面无表情，而且在问他问题时，他也只是简单地回答“是”或者“不是”，还一副心事重重的样子。我想，也许他的家里发生了什么事情，所以这个孩子才表现得这么奇怪。为了帮助小宇，我决定去他家里进行一次家访。

小宇的妈妈是个很健谈的人，我跟她说明自己的来意后，她叹口气说：“这孩子小时候很活泼，自从上了初中以后，就变成这样了。”

小宇的妈妈说，小宇的爸爸通常情况下都很忙，不值班的时候又要忙着应酬，回家一般都很晚，经常是小宇睡觉了，爸爸还没有回家，早晨小宇上学了，爸爸还没有起床。虽然是在同一个屋檐下生活的父子，但是他们真正说话的机会少之又少。父亲有一点儿时间的时候，问小宇的又都是学习上的事情，所以根本没有时间与小宇做心灵上的交流。也许是这个原因，小宇变得越来越沉默了。

小宇的妈妈说：“这几天，小宇每天上学之前，总是推开他们卧室的门，看一会儿在床上熟睡的父亲，然后才去上学。”妈妈问他为什么这样做，他又不说。听到这里，我起身来到小宇的房间，轻轻地问他：“孩子，你能告诉老师，为什么早晨要先看看爸爸然后再去上学吗？”小宇开始的时候沉默不语，过一会儿就哭起来，他边哭边说："老师，我已经有很长时间没有叫'爸爸'这两个字了。每天上学的时候，我只能看着床上熟睡的爸爸，然后在心里默默地说：'爸爸，我去上学了。'其实我很想听到爸爸跟我说：'知道了，路上小心点。'但是，我一次也没有听到。"听了小宇的话，我感到很心酸，决定给小宇的爸爸写一封信，向他说明小宇的情况，希望他能多抽些时间陪陪小宇。

过了一段时间之后，我发现小宇的脸上渐渐有了笑容。原来，小宇的爸爸读了我写给他的信以后，感到很愧疚。他想了一个办法，就是和儿子"传字条"，无论自己多晚回家，他都要在儿子的枕头旁放上一张写有"儿子，晚安！"的字条。周末如果不忙，他就会带小宇去打篮球或者跟小宇一起下象棋。父子间渐渐有了交流。就这样，笑容又回到了小宇的脸上，而且我还惊喜地发现，小宇上课时比以前活跃多了，成绩也慢慢提高了。

孩子需要的爱是双份的，父亲的那份爱是孩子健康成长的过程中不能缺少的。有的父亲因为很忙，没有时间顾及孩子的感受。这时，父亲不妨选择一个灵活的方式跟孩子沟通。就像上面那个给孩子传小纸条的父亲一样，给予孩子书面形式的鼓励，这样孩子就不会因为父亲形象的缺席而对父亲产生陌生感。当然，父亲也要尽量抽时间与孩子进行面对面的交流和沟通，从而促使孩子健康成长。

转变家庭角色，不要一味地只唱"黑脸"

鲁萌萌的爸爸因为长期出差在外，跟萌萌相处的时间非常有限，而萌萌的妈妈又比较宠爱自己的女儿，使其养成了很多坏习惯，比如吃饭比较慢，一边吃一边玩，一顿饭就得吃两个小时。此外，萌萌还比较霸道。有一次，奶奶来了，坐在沙发上看电视。萌萌跑过去，推着奶奶说："不准你坐我的沙发，这个沙发是我的。"

萌萌的爸爸看见女儿有这些坏毛病，就决定给她立点规矩。只要是爸爸在家里，萌萌吃饭的事情就由爸爸负责。萌萌只要一开始玩，爸爸就呵斥她说："吃饭就要专心地吃，不许玩。"爸爸的声音特别大，就像打雷一样，这让萌萌很害怕。所以，每次爸爸看着萌萌吃饭的时候，她很快就将碗里的饭吃完了。

如果爸爸发现萌萌在什么事情上表现得很霸道，就会毫不犹豫地把她关进小卧室里，任由她在里面哭泣。所以，萌萌非常害怕爸爸。

如果萌萌在爸爸不在家的时候犯了错误，妈妈管不了就会说："你要是不听话，我就把这件事情告诉爸爸了。"爸爸虽然不在，但是萌萌一想起爸爸严厉的表情就很害怕，不敢再犯错误了。

爸爸出差回到家的时候，萌萌总是躲在自己的屋子里不敢出来，她甚至连"爸爸"都不叫。因为在萌萌的眼里，爸爸就象征着惩罚。爸爸"黑脸"的形象已经让萌萌和爸爸之间产生了很大的距离，她对爸爸只有陌生和害怕的感觉，根本不想和他亲近。

诚然，父亲在教育孩子的时候，严厉一点儿是没错的，尤其是在帮助孩子纠正缺点的时候。但是，如果父亲只懂得严厉地管教孩子而不懂得和孩子友好地相处，孩子体会不到父亲的关爱与呵护，就只会使双方越来越疏远。

事实上，严厉地教育与友好相处之间并不冲突。

贾晓雨的爸爸在平时十分疼爱他。有的时候，妈妈会因为一点儿小错误唠叨晓雨，爸爸还会在旁边向晓雨挤眼睛。晓雨的妈妈对爸爸这样的管教方式很不放心，她总是说："我教育他的时候，你在旁边不但不说话，还流露出一副无所谓的表情，这样孩子怎么能受到良好的教育呢？"晓雨的爸爸说："孩子犯点儿小错误是不要紧的。"

平日里，爸爸常和晓雨玩。有一次在教晓雨溜冰的时候，妈妈说了很长时间的技巧，晓雨都没有听懂，然而爸爸只是简单地说了几句，晓雨就掌握了技巧。爸爸说："晓雨和我是很有默契的。"

父子俩打闹玩耍是经常的事情。但是如果晓雨犯了严重的错误时，爸爸就会给孩子很严厉的教育。

有一次，晓雨在玩的时候，用手去摸墙上的电插座，还把手指往插座孔里使劲插。这个时候，爸爸看见晓雨的动作，大声地训斥了他一顿。晓雨被训得哭起来，爸爸非但没有安慰他，还站在旁边一直看着他哭。妈妈想上前哄哄他，却被爸爸拦住了。直到晓雨哭完，爸爸才严肃地跟他说："你知道那个孔里有电吗？"

晓雨说："我看见动画片里的人都是这样做的。"

爸爸说："动画片里的人不是真的，所以可以这样做，但我们是不能这样做的，这很危险，你知道吗？"

晓雨看着爸爸，认真地点了点头说："知道了爸爸，我以后再也不这样做了。"

晓雨的爸爸对他的教育是成功的，虽然说他在孩子犯错误的时候也扮演了"黑脸"，但这样做是为了让孩子明白自己严厉的原因。这样不仅能让孩子认识到自己的错误，也没有让孩子和自己的关系变得疏远，既很好地教育了孩子，也让他体会到了父爱。

父亲在教育孩子的时候，不能总是以威严的形象出现。如果一直让孩子觉得你严厉，不给孩子丝毫温暖的感觉，就很容易让孩子对你产生一种陌生感，而这种感觉一旦扩大，就会阻碍父亲和孩子之间的沟通。这样不仅会造成孩子父爱的缺失，还很容易让孩子对自己的父亲产生厌恶的心理。所以，在孩子没有犯错的时候，给孩子关怀也是十分必要的。

别模糊了性别定义，做孩子的意识指南针

6岁的聪聪在爸爸的影响下已经知道了男性和女性的不同。在全家人一起出去郊游的时候，聪聪总是拉着爸爸的手说："爸爸，我们男的应该坐在前排，让她们坐在后排。"这其实是他在刻意模仿爸爸男性化的作风。

聪聪小的时候很害怕打雷，一天晚上，聪聪听到雷声就跑到妈妈的卧室里往妈妈的怀里钻，一边钻还一边说："妈妈，我怕，我怕。"这时，聪聪的爸爸就把他从妈妈的怀里拉出来说："聪聪，你是个男孩子，对不对？"

聪聪看着爸爸点点头。

爸爸说："男孩子将来要做一个男子汉，而男子汉是要保护妈妈的，怎么能让妈妈来保护你呢？"聪聪听完爸爸的话就立刻挺起了胸膛说："我不怕了，我是个男子汉。"

尽管爸爸妈妈看出来聪聪还是有点儿害怕，但是因为要教会孩子正确认识男女的性别差异，所以父亲还是让聪聪一个人回自己的房间里睡觉了。

有一次，在幼儿园的时候，有一个小男孩故意把一只虫子放在一个小女孩的面前，女孩吓得当时就哭起来。这个时候，聪聪走过去，将女孩面前的虫子扔掉，然后一本正经地对那个搞恶作剧的男孩说："你是个男孩子，欺负女孩子是不对的，你不知道吗？"正是因为爸爸教会了聪聪作为一个男孩子应该做什么以及怎样做，所以，聪聪对男女性别的定位很清晰。

父亲的言行都会对孩子产生影响，让孩子轻易就能分清楚男性和女性的区别。男孩如果在4岁以前不与父亲一起生活，那么在长

大以后，他的性格就会趋于女性化。女孩如果在很早的时候失去父爱，在其女性性格的形成上也会产生障碍。父亲的缺席，会让孩子对性别的定位产生模糊的概念。没有父亲参与的家庭教育在让孩子不能正确区分性别的同时，也容易造成孩子与异性沟通的障碍。

小浩是跟着母亲长大的小男孩，在他成长的过程中，父亲是个缺席的形象。因为父亲一直在离家很远的地方做生意，一年到头也不能回家几次，即使回家也是匆匆忙忙的，所以小浩根本没有机会受到父亲的影响。在只有妈妈的家庭环境里长大的小浩，什么事情都模仿妈妈。

在幼儿园里，小浩不喜欢和男孩子接触。对于很顽皮的男孩子，小浩说自己非常讨厌他们。他经常指着一些玩得脏兮兮的男孩子说：“看他们多脏呀。”男孩子玩的游戏，小浩统统不喜欢，他最喜欢的就是和女孩子一起折纸或者跳皮筋。

在家里，小浩的表现更像一个小女孩。他不敢一个人待在自己的屋子里，总是要和妈妈一起睡。妈妈强迫他自己睡觉的时候，他也总是开着灯。小浩也很喜欢穿花衣服，妈妈带他去服装店的时候，他总是在挂着女孩衣服的货架那里打转，还告诉妈妈哪件衣服好看。小浩从来不会像其他男孩子一样大声大气地说话。小浩的妈妈很发愁，对亲戚说：“我们家小浩一点儿没有男孩子的样子，这可怎么办啊？”

其实，小浩的问题就是因为长期和母亲生活在一起，使他形成了性别定义上的模糊概念。

父亲对孩子的影响，尤其是对男孩的影响是十分巨大的。父亲的存在有利于男孩塑造自己的男性性格。男孩从父亲的身上学习说话的方式、与女性相处的方式，他们还会注意到父亲在实现自己的理想抱负时是怎样做的。对父亲的性别认同，会让男孩渐渐培养自己的男子汉气概。如果在这个时候，父亲的形象缺席，男孩虽然模糊地认识了自己的性别，但是由于身边没有可以参照的对象，无疑就造成了他性别意识的模糊，使其没有正确的性别定位。

同样的，在幼年的时候，女孩会对父亲产生一种强烈的依赖感。父亲让女孩觉得有安全感，而在与父亲的沟通中，女孩也会变得坦然、大方。在以后的成长岁月中，因为受到父亲的影响，女孩可以大方得体地和异性沟通、相处。

可以说，父亲是孩子性别定位的指南针，对孩子的自我认识起着至关重要的作用。

教育是一种协作，家长意见要一致

父母不让孩子饭前喝饮料、睡前吃巧克力，但是孩子的奶奶允许；妈妈认为孩子应该帮助家长做一些力所能及的家务，但是爸爸却认为孩子做家务就应该得到奖励……

以上的矛盾和冲突经常会在生活中上演，因为每个人都有自己教育孩子的态度和方式，所以很多人无法与周围的亲人在教育孩子的问题上保持意见一致。这样就会难为孩子，让他们处于无所适从的状态中。

姗姗每个周末都会去奶奶家，然后周日晚上回到自己家以便周一上学。一次，姗姗从奶奶家回来之后，又蹦又跳的，看起来异常兴奋。妈妈看到后，就随口问了一句：“在奶奶家吃的什么，这么高兴呀？”姗姗笑着回答：“一块大蛋糕和一包巧克力。”听了这话，妈妈深深地叹了一口气，因为孩子正处于换牙时期，多吃甜食对牙齿的生长很不利。但是孩子只有在周末时才会去奶奶家住，姗姗的妈妈并没有要求孩子的奶奶与自己的教育方式保持一致，所以孩子在奶奶家时，就会把父母定的规矩忘到脑后，等到她回来以后，家长就会习惯性地“召回”那些规矩。

当孩子面对大人们不一致的规矩和要求时，就会感到困惑，不知道谁制定的规矩最重要，慢慢地就会对所有的规矩和要求持一种不予理睬的态度。所以无论是爸爸妈妈、爷爷奶奶、姥姥姥爷还是老师，对于孩子的要求要保持一致，始终站在统一战线上。为了保持一致性，教育专家对于以下几种情况做了分析以帮助家长找到最好的应对措施。

观点一：孩子做家务，是理所应当还是应该奖励。

观点争执：妈妈让 8 岁的女儿学习整理房间，认为这是她应该做的，并且认为孩子有必要帮助家长做一些力所能及的事情，但是爸爸却认为孩子做家务就应该得到一些物质奖励，如糖果、玩具等。那么到底该不该给孩子一些“应得”的奖励呢?

解决之道：大多数孩子都有一个典型的行为，就是喜欢与家长对立，如果妈妈持反对意见，他们就会说：“爸爸同意。”此时最重要的一点就是，你要与配偶在观点和行为上保持一致，也可以换一种方式鼓励孩子，如：“你和妈妈来进行一次比赛，看看谁打扫房间又快又干净？”当这种方式起效果时，你就可以和孩子谈谈，告诉他做家务人人有责，而家长看见他能够做家务时，是很开心和自豪的。

观点二：面对老师的“严厉”，家长不要过于责备。

观点争执：孩子到了上学的年龄，就要到学校里接受教育。因为孩子比较调皮，不听老师的话，有一次你去接孩子放学时，看见他和几个小朋友在教室外面站着，问及原因，原来是老师让他们几个不听话的孩子在罚站。

解决之道：先了解实际情况，如果因为孩子比较调皮或者不听老师的话，你完全可以同意老师的做法，这毕竟是合情合理的一种教育方式；如果事实不像老师说的那样，并且你和老师无法达成共识时，你可以询问其他的家长是否也认为这种教育方式过于严厉，达成共识以后，可以向校方反映你们的担忧和意见。

观点三：姑姑的“不管主义”，也不能违背家长定下的规矩。

观点争执：现在很多孩子都是独生子女，所以孩子的姨妈、姑姑都会视自己的外甥（女）、侄子（女）为掌上明珠，在她们和孩子相处时就会让孩子“随意”发展，想吃什么就吃什么，想要什么就买什么，想什么时候睡就什么时候睡，毫无规律可言。

解决之道：这对于家长来讲是一个比较棘手的问题，一方面你不能怪罪于亲戚，另一方面你还得让孩子按照家长的规定去做。如果她们长期和孩子相处，你首先要做的事情就是感谢她们照顾你的孩子，然后告诉对方孩子也很喜欢她们，并且告知孩子没有受到约束后的表现，比如孩子睡眠不足，回家之后会异常焦躁，所以请她们改变之前的做法。如果孩子只是偶尔和她们在一起，就没有必要“小题大做”了。

观点四：如何统一家长的意见？

观点争执：星期六的晚上，东东的妈妈对孩子说：“10点之前你如果再不睡觉，明天就不允许你看动画片。”可孩子还是没有在10点之前上床睡觉，这让妈妈很生气。星期日的上午，东东的妈妈在厨房里准备饭菜，爸爸在客厅里看电视。东东在自己的房间里做作业，出来上厕所时，正巧爸爸切换到放映动画片的频道，于是他就和爸爸一起坐下来看动画片。爸爸对从厨房里走出来的妈妈说：“偶尔看一下也无妨！”

解决之道：一般来说，孩子和爸爸妈妈相处的时间最长，如果家长总是一个严厉，一个宽容，就会使孩子寻找他的“保护伞”。所以在教育孩子时，家长之间应该好好地交流，使意见保持一致。

（1）统一观点。如果孩子出现令人头疼的行为，家长就应当商量一些对策，统一制定适当的处罚措施。

（2）说到更要做到。家长一定要坚持商量好的决定，使行动和思想保持一致。

（3）坚持不懈。如果配偶突然想改变立场或意见时，你要问清原因，如果你不同意对方的观点或意见，就要与配偶想出一个折中的办法。

教育孩子千万不要固执己见，对于配偶提出的问题也应该认真考虑，两个人要始终记住：你们是一个团体，需要有统一的规则并坚持不懈地努力，找到更好的解决方法，这样才有利于孩子健康成长。

以身作则，不小觑爸爸的榜样力量

周先生是一个很喜欢喝酒的人，每天下班后，他都要到离家不远的小酒馆里去喝酒，而且经常喝醉。有一天，下起了大雪，纷纷扬扬的雪花很快就将路面覆盖了。周先生下班以后还像往常一样，下了公交车就往酒馆走。走着走着，忽然听见身后有人叫“爸爸”。周先生回头一看，原来是儿子在叫自己。

儿子说：“爸爸，你站在那里别动啊。我要踩着你的脚印走过去。”

看着儿子一步一步地踩着自己的脚印走过来，周先生忽然想到，如果自己到酒馆去喝酒，儿子也会踩着自己的脚印走到酒馆里去的，这样只会让儿子看到自己嗜酒如命的样子。如此一想，周先生赶紧对走过来的儿子说：“儿子，我们回家吧。”说完牵着儿子的手，父子俩高高兴兴地往家走去。

从那以后，周先生改掉了爱喝酒的毛病，他再也没有去过小酒馆，更没有喝得酩酊大醉地回家。

父亲是孩子的榜样，尤其是男孩。如果父亲是个稳重、顾家、有责任心的男人，孩子自然也能健康成长，而凡事就知道躲避、退缩的父亲自然就会教出性格软弱的男孩。

晓勇的父亲是一个普通工人，在晓勇的眼里，父亲就是一个遇到事情喜欢躲避、退缩的人。家里的事情父亲从来都不管，晓勇的妈妈身体一直不好，父亲也不闻不问。过年的时候，晓勇和妈妈在大扫除，父亲就坐在一边看电视。妈妈生病了，也是晓勇陪着妈妈去医院。

晓勇觉得这样的父亲让自己很厌恶，他从来不在别人面前提起自己的父亲。因为在晓勇的成长过程中，他从来没有看见父亲对家表现出责任心，而且父亲也从来没有关心、爱护过自己和妈妈。在晓勇的心里，父亲的形象就是一只纸老虎，父亲的话对他从来没有震慑力，如果父亲要求晓勇做什么，晓勇总是在心里说："你什么都没有做到，就不要来要求我了。"

有一次，父亲要求晓勇把自己的袜子洗一洗，但是晓勇就像没听见一样，继续在屋里做作业。

父亲跑过来说："我说话你没有听见是不是？"

晓勇仍然低着头写作业。

父亲生气地打了晓勇一下，晓勇抬起头来说："你每次都把脏衣服带回家里让妈妈给你洗，我为什么就得自己洗袜子呢？"

父亲被晓勇问得愣住了，他根本没有办法说服儿子，因为他比儿子做得还要差劲。

在一个家庭里，父亲的角色包含着很多意思：责任心、坚强、顾家、保护家人等。如果父亲不能做到这些方面，总是表现出懒惰、懈怠、没有责任心的样子，男孩就会在生活中失去了成为男子汉的榜样，没有榜样的参照，自然也就没有上进的可能。

男孩受父亲的影响比较大，通常情况下，男孩会把父亲当作本性别的典型代表。他会不断地从父亲的身上学习男性特有的气质，也会模仿父亲的举止神态。如果父亲是一个优秀的人，男孩自然会从优秀的父亲身上学到很多优点，但是如果父亲是个懒散、没有上进心的人，那么给男孩造成不好的影响是必然的事情。

在男孩还小的时候，父亲就应该给他们树立积极、健康的榜样，让孩子在父亲身上看见优秀的品质，从而受到潜移默化的影响。

父亲的夸奖，女孩的自信来源

父亲是女孩第一个接触的男性，特别是年纪小的女孩，父亲在她们心中的形象是最伟大的男性。所以，父亲不止对男孩有影响，对女孩的影响同样很大。女孩的气质、择偶标准等都和父亲的影响有着密不可分的关系，其中尤为重要的一点就是“自信”。父亲的夸奖更容易让女孩建立起自信。

马先生是一个很会夸奖女儿的父亲。马先生的女儿马卉是一个非常优秀的女孩。在学校里，马卉不但学习成绩好，性格也活泼开朗，和同学、老师相处得十分融洽。很多同学都喜欢和马卉交朋友，他们一致称赞马卉是个热情、开朗又喜欢帮助同学的人。

马先生说，其实马卉上小学的时候并不是个多么优秀的孩子，她甚至还有一些自闭。马卉上小学时因为长得特别瘦小，而且头发有点儿黄，脸上还有不少的雀斑，很多淘气的小男孩都说马卉像一个外国的丑小孩。马卉为此很自卑，她曾经哭着回家问妈妈：“妈妈，我不是外国人，为什么他们都说我是‘外国丑小孩’呢？”妈妈不知道怎样安慰女儿，只有抱着她叹气。

这个时候，马先生走过来说：“卉卉，爸爸知道他们为什么这样叫你。”

马卉看着爸爸问：“为什么啊？”

马先生说："卉卉的英语不是很好吗？你不要忘了，你在少儿英语班的成绩可是第一名呢。这多棒啊！说你的那些孩子是因为嫉妒你的成绩啊。"

马卉听见爸爸的夸奖以后破涕为笑。但是，过了一会儿她又难过起来，她说："爸爸，我是个丑小孩吗？"

马先生知道女儿瘦小是因为她身体一直都不是很好，于是就这样和女儿说："孩子小的时候都是比较丑的，长大了就会变得很漂亮。卉卉不是读过丑小鸭的故事吗？"

马卉听见爸爸的话，笑着点点头。

马先生又对马卉说："卉卉想快点儿变漂亮吗？"马卉赶紧点点头。

马先生摸着女儿的头说："那么卉卉从明天早上开始就得早点儿起床，然后跟着爸爸去跑步。"

就这样，无论严寒酷暑，马先生都带着女儿一起去跑步。锻炼了一年后，马卉的食欲好起来，气色也渐渐变好了，原来又瘦又黄的小脸变得红润了。很多人见到马卉都夸她变漂亮了。马卉高兴地说："爸爸果然没有骗我。"

因为马先生经常带着马卉锻炼身体，马卉的体育成绩也大有长进。马卉每捧一个奖状回来，不管是什么活动的奖状，马先生都会对女儿竖起大拇指说："你做得好，非常棒。爸爸为你感到骄傲。"

父亲的称赞让马卉更有自信，她学习十分努力，英语成绩尤为突出，尽管只是个初中生，但是她已经多次在英文比赛中拿了奖。亲戚朋友们都羡慕马先生有马卉这样优秀的女儿，马卉的班主任也请马先生到学校给其他家长传授教育孩子的经验。

马先生说："马卉其实不算聪明，她并不是传说中的天才。她对很多事情的领悟能力甚至比其他孩子都要慢，这一点她自己也很清楚。有时候，马卉也会因为做不出一道题而焦急地哭泣。这个时候，我就会和她说，'天才有的只是一颗聪明的脑袋，你有的是努力和用心，还有老师和同学的帮助，由此可见，你比天才厉害多了。'”

马先生说，他不但经常这样鼓励女儿，还常常向女儿竖大拇指。每次女儿一看见父亲对自己竖起大拇指就会很快乐。马卉说自己能有今天的成绩是因为爸爸不断地给自己信心，是信心让她不断地战胜困难，取得了很多的成功。

父亲给女儿好的评价为什么能帮女孩建立自信呢？因为一般来说，女儿平时和母亲接触的机会比较多，而和父亲接触的机会比较少，对于一些小事，父亲一般不会做过多的评价，所以，父亲的评价对女儿来说更有分量。特别是女孩将要步入青春期，这个时候是父亲帮助她们建立自信的最佳时间。

父亲不应该吝惜对女儿的赞扬，应该适时、适当地给予鼓励和赞美，女儿听到父亲的夸奖，自然会变得自信起来。

创造和谐的氛围，绝不因孩子而翻脸

在对孩子的教育中，家长的角色很重要。如果家长扮演的角色不对，就会影响教育的效果。然而在现实中，总有许多家长认为，要管教孩子，必须是一个家长要“严”，另一个要“慈”；一个“唱红脸”，另一个“唱白脸”，这样才能教育好孩子。表面上看这似乎是家庭教育最好的方式，所以一旦孩子出现问题时，常常是父亲先打骂，母亲来庇护，或者是父母严格管理，爷爷奶奶阻拦。更有甚者，一旦在教育孩子的时候意见不一致，家长就相互指责，这就造成了家长在主观和客观上的教育态度的不一致。

其实，“红脸”和“白脸”相配合的教育方式很容易使孩子在严厉的家长面前表现得战战兢兢、唯唯诺诺，有话不敢说，有理也不敢申辩，而当着温和的家长的面则像换了一个人似的，言行放肆、为所欲为，一点儿规矩也没有，其结果很可能使孩子欺软怕硬、见风使舵，看人脸色行事，容易形成当面一套背后一套的做事风格。

更重要的是，如果家长在教育孩子的时候态度不一致，相互指责，一方面很可能使孩子学会钻空子，出了事只告诉护着自己的一方，长此以往，孩子在家里找到了保护伞，致使家庭教育失去了约束力，家长在孩子的心目中会因此失去威信，而家庭成员之间也很容易因此产生不信任；另一方面还会使孩子生活在这样的家庭中有一种不安全感，而这种家庭氛围正是教育孩子最大的弊端。家长要在孩子的教育中扮演好角色，并不是说二者的角色不能一样。相反，家长也好，爷爷奶奶也罢，双方之间的教育态度都必须保持步调一致、互相合作，而不能彼此矛盾、相互拆台，更不能为了提高自己的威信而故意贬低另一方。即使一方对孩子的要求不合理，也不能自己单方面出面更正，而是应该与对方交换意见，由他自己出面更正。这样做既有利于孩子身心的健康成长，也有利于维护家长的威信。

所以，身为家长，在教育孩子的时候要尽量心平气和地坐在一起，共同寻找解决问题最科学的方法，而不是相互指责。

小田已经上初中了，但他却特别不喜欢学习。为此，小田的妈妈决定为他请一个家教，而小田的爸爸觉得与其请家教，还不如控制好孩子玩电脑的时间，周六、周日送他去补习班，因为孩子每天都花许多时间在玩电脑上。就这样，双方意见产生了分歧，你一言、我一语地吵了起来，而且本来是针对孩子的学习问题而争执，后来吵架的内容却涉及了他们生活中的矛盾。

这时，小田的爷爷站出来解决了这一切。老人严厉地说：“你们的出发点很好，都是为了孩子的学习成绩，可是你们为什么要相互指责呢？不能好好说吗？”

经小田的爷爷这么一询问，小田的父母沉默了。在爷爷的带领下，全家人坐在了一起，商讨提高小田学习成绩的办法，最后他们做出了一个共同的决定，从根本上激发孩子的学习兴趣，大家还为此做了明确的分工。

此后，再遇到此类问题，小田的家长也总是效仿这件事解决，再没有“脸红脖子粗”的现象发生。最令他们欣慰的是，小田接受了他们统一后的意见，他也开始对学习有了一定的兴趣。

在每一个家庭中，由于生活背景、受教育程度等方面的不同，夫妻双方在很多问题上都会出现分歧，这是很正常的事。但需要注意的是，在意见不统一时不要单纯地固执己见、否定另一方，也不要以孩子为筹码，去恶意攻击对方，说些伤害性或抱怨的话。否则，不仅会破坏良好的夫妻关系，还会使本来好的初衷不能获得好的结果。正确的做法是抱着解决、商讨的态度，站在孩子的位置上进行思考。家长也可以找第三方来评判，求同存异，找出解决问题的方法。

当然，家长之间在教育方式上有矛盾是难免的，只是有了矛盾要背着孩子协调，切不可把矛盾暴露在孩子的面前。

李女士是我的同事，她是音乐老师，同时也是一位母亲。为了让孩子传承自己的音乐技能，她准备利用周六、周日的时间教儿子学习弹钢琴。李女士的丈夫知道她这个想法后，不满地说：“一个男孩子学琴有什么用呢？有这些时间和精力，还不如参加一个外语班更实用。”最后他们因此起了争执，争吵的声音越来越大，正在隔壁房间睡觉的孩子被吵醒了，他迷迷糊糊地走过来问道：“爸爸妈妈，你们在做什么啊？”

李女士一下子冷静下来，对丈夫说：“可能我有什么不对的地方，我向你道歉。”

丈夫见状态度也来了个180度大转变，立刻说：“可能我也有错。这样吧，这个问题我们先放一放！”就这样，双方暂时把问题搁置在一边，等到儿子睡着时，他们才开始心平气和地讨论。最后双方妥善地解决了让孩子学什么的问题。

可见，在意见不统一的情况下，夫妻之间要尽量向一方妥协，或者将问题暂时保留，另找时间就此意见商定出一个合理的结论，千万不要当着孩子的面争论不休。

解决分歧有底线，不在孩子面前争吵

在生活中，夫妻之间难免会有些争执，若是夫妻闹矛盾，最好不要在孩子面前表现出来，更不要当着孩子的面激烈争吵。家长是孩子的榜样，如果夫妻之间争吵不断，孩子是绝对不可能快乐成长的，而家庭教育也绝不可能在吵闹中取得好的效果。

通常，夫妻争吵时，看到孩子在一边哭，就会不由自主地说："要吵进屋吵，别吓着孩子。"在大人眼里，孩子哭是因为害怕。但事实上，真正让孩子哭的不是争吵给他带来的恐惧，而是因为争吵破坏了幸福快乐的家庭氛围。

著名经济学家郎咸平在评论麦当劳餐厅的成功时特别指出，麦当劳之所以成功，就是因为它抓住了孩子的心理需要——幸福家庭的感觉。不要小看这种感觉的需要，人正是因为有了这一感觉才会组建家庭，才会形成社会。可以说，对幸福家庭的感觉需要是人类的本能。

所以，当家长争吵的时候，请不要忘记，你们不仅是在吵架，同时也是在破坏孩子对幸福家庭感觉的需要。如果大人经常在孩子面前争吵，就会让孩子的幸福感觉消失殆尽，长此以往，便会让孩子的性格变得冷漠、畸形。

有一个21岁的小伙子，因为盗窃旅馆客人的财物被拘留了。

这个小伙子小时候是一个很聪明的孩子，上小学时，他的学习成绩在班级里名列前茅，而且曾经作为队长带领足球队参加过全国小学生足球赛，并获得了冠军。

原来，他的家长感情不好，整天吵架。在他上初二的时候，父母离婚了，这样的家庭遭遇给他的心理造成了极大的伤害，自此他就变得自暴自弃，开始接触一些不三不四的人，最后他放弃了高考。就是这样一个优秀的孩子，最终却走上了犯罪的道路。其实他原本有能力参加高考，当记者采访他问他为什么放弃高考时，他说就是不想学习。

家长之间的矛盾使得家庭不和睦，最终分崩离析，导致孩子的心灵扭曲。因为他想不出解决问题的方法，所以就想逃避现实，于是选择了放弃努力。

家长不要以为孩子什么都不懂，孩子也懂得家庭有和睦的氛围，才能幸福美满。我还看到过这样一个故事：

有个人突然被调离了工作多年的岗位，情绪糟透了，下班回家后，他常常沉着脸坐在沙发上抽烟、发愣。由于心情不好，他有时还会为一些小事和妻子争吵，弄得家里气氛很紧张。每当家长争吵时，他们 5 岁的儿子就会一个人躲起来。

这一晚，他在客厅看一场球赛到凌晨一点才睡觉。第二天早上，他在迷迷糊糊之中听到客厅里妻子唠叨的声音：“看看你爸干的好事，冰箱门一个晚上都这么开着，太不像话了。一个大男人经点事儿就像丢了魂似的，没出息……”

这话刚说完，原本还想睡一会儿的他“噌”的坐起身，准备下床去同妻子理论。

就在这时，儿子稚嫩的声音响了起来：“不是爸爸，是我开的。”

妻子忙问：“你什么时候开冰箱了？”

孩子支吾着说：“就是我开的……我拿酸奶嘛。”

妻子没有再追问下去。

他重新躺回到床上，回想起昨晚临睡前，他从冰箱里取饮料时正好球赛中有进球……对，冰箱门就是自己那时打开后忘记关上的。

儿子撒谎!

可是，儿子为什么要撒谎呢?

在送儿子去幼儿园的路上，他终于忍不住了，于是蹲下身来对儿子说：“儿子，今天早晨你为什么撒谎?”

孩子把头低下来摆弄了一会儿衣角，才轻轻地说：“爸爸，你不要和妈妈吵架了，好吗?”

他愣住了，突然之间，他明白了——儿子是为了让父母不吵架才说谎的。

他沉默了一会儿，然后诚恳地对儿子说：“爸爸这段时间因为工作上的事情心情不好，但是，爸爸知道和妈妈吵架是不对的，爸爸保证，以后我每天都会带着笑容回家。昨天晚上是爸爸粗心忘了关冰箱门，也是爸爸不对。你能替爸爸认错，爸爸谢谢你。但是，因为替爸爸认错而说谎话……”

“好孩子要诚实不撒谎，对吧，爸爸?”孩子连忙打断爸爸的话说。

看着孩子郑重的样子，多日来的郁闷心情顿时一扫而光，他点点头笑了，孩子也高兴地笑了。

父母千万不要在孩子面前吵架，破坏孩子幸福家庭的感觉，而应该给孩子更多的温暖与快乐，让孩子在幸福的家庭体验中成长。另外，父母一定要静下心来好好沟通，还要与孩子沟通，让孩子能在你们面前说出他的心里话，这也是家庭和睦的一个必要条件!

心理测试：你属于哪种类型的家长?

根据你的实际情况，认真地做下面的题。

测试一

1．你的孩子是在计划中如期来到这个世界的，你对此感觉妙不可言。

2. 即使孩子是“计划外”的，你也会对这个小家伙的不期而至感到非常高兴。

3. 你会经常和孩子在一起读书，唱歌，并经常对孩子说他很可爱，你会细心地观察孩子点滴的进步。

4. 往往在别人提醒之后，你才会发现孩子的变化和进步。你很少主动和孩子一起做游戏，除非孩子再三要求或者明确提出时你才会加入其中。

5. 你要求孩子在家里来客人时一定要问好，并会当着客人的面表扬孩子有礼貌。

6. 家里来客人时，你不会主动对孩子提出任何要求，如问好、不插话等，并且对孩子的礼貌行为不在意。

7. 你会经常和孩子一起做游戏，并且在游戏结束之后你会要求、监督孩子把玩具收拾整齐，有时也会和他一起收拾。

8. 你认为孩子淘气、调皮很正常，所以对此你不会采取任何措施干涉。

9. 你会经常对孩子提出自己的期望，例如想让他成为科学家等，并且对孩子的行为提出比较合理的要求。

10. 你不会在孩子身上花费很多时间，认为孩子不用多管，自然能长大。

11. 你对孩子通常表现出慈爱、支持。

12. 你自认为对孩子的态度是温情的、随意的，没有给孩子任何束缚。

13. 你会对孩子的行为提出要求或者制定一些规则，并且向他讲解制定的原因和意义，同时也会密切关注孩子的执行情况，有错误时就会及时予以纠正。

14. 你很少会对孩子提出要求并给他制定一些规则，因此也很少监督他的行为。

15. 你鼓励孩子说出自己的想法、意见或感受，但是也会在适当的时候暗中引导孩子的言行符合你的要求和标准。家庭聚会时，你一定会给孩子发言的机会，并且让他说明理由。

16. 你对孩子的言行给予充分的自由，没有任何要求和监督，但是在家庭决策时，很少顾及孩子的意见。

17. 你对孩子的错误会给予严厉的批评和惩罚，也会告诉孩子错在哪里以及惩罚的原因；相反，如果孩子表现得好，你也会给予相应的鼓励或表扬，以强化他的良好行为。

18. 你通常不批评孩子的错误行为，更不会惩罚或奖励他，即使惩罚、奖励也是象征性的。

19. 为了保持自己的形象，你在孩子面前很注意自己的言谈举止，为了潜移默化地影响孩子，你会对自己提出更高的要求。

20. 在孩子面前，你的言谈举止都比较随意，很少考虑对他的不良影响。

测试分析

合计自己的选项，如果选择的奇数选项较多，你基本上可以算作权威型家长；若是选择的偶数选项较多，你基本上可以算作宽松型家长。

权威型家长

家长：对孩子关爱有加，与孩子相处时会尊重孩子的意见，能够在情感上取悦孩子，理解孩子的要求或愿望，并能给孩子发展的空间和机会。在教育孩子的过程中，会使用激励和鼓励的政策。

孩子：这类家长教育出来的孩子大多活泼健康、受人欢迎，并且交往能力和自我控制能力都比较强，富有同情心和责任心，智力发展较快，并且能在学习的过程中感受到快乐，学习成绩比较好，因而成人后更容易获得成功。

宽松型家长

家长：教育方式比较宽松，在情感上很容易接近孩子，但是对孩子缺乏必要的关爱、引导、支持和约束。

孩子：自我控制能力差，缺乏自信心和进取心，不易获得成就感，所以受社会发展影响较大。因为缺乏引导和约束，所以这类孩子大多易冲动且攻击性强，以自我为中心现象严重，因此不易受到同伴或朋友的欢迎。

测试二

1. 很少对孩子表露你的关爱和支持，通常对待孩子的态度比较严厉。

2. 你会视孩子为“不期而遇”的“第三者”，自从他出生以后，你就很后悔，并且一直不喜欢这个孩子。

3. 你会对孩子有很多要求或规定，并且要求他无条件地服从你而不会向他解释原因。

4. 你认为自己没有精力和时间管孩子，所以就让他自由发展。

5. 你认为孩子什么都不懂，所以家长要规定他的行为举止，而孩子就应该服从家长的管教，接受家长的安排，因为家长永远都是对的。

6. 你不乐于照料孩子，凡事能省则省，对孩子的言行也没有什么明确的要求。

7. 看见孩子的良好行为很少会奖励、表扬，你认为表扬会使孩子忘乎所以，但是当孩子犯错误时通常会给予惩罚或批评，为的是让他能够吸取教训。

8. 你对孩子的行为举止通常采取不闻不问的态度，不做过多的理睬。

9. 你认为孩子就应该服从家长的指挥，不能有自己的想法或意见，否则就以“爸爸妈妈不喜欢你了”作为借口来威胁孩子。

10. 你认为自己的想法都不能实现，孩子要实现想法谈何容易。

测试分析

合计自己的选项，如果选择的奇数选项较多，你基本上可以算作专制型家长；若是选择的偶数选项较多，你基本上可以算作放任型家长。

专制型家长

家长：这类家长在情感上能接受孩子，但是教养的方式过分苛刻，很少主动去理解孩子的愿望和需求，只是一味地要求孩子服从自己，权威取代了说理和引导，惩罚多于表扬和鼓励。

孩子：在这样的教育环境中，孩子因为缺少必要的温暖或慈爱很容易造成感情错位，因此就容易发脾气，很少能够感觉到快乐，并且不喜欢和别人交往。

放任型家长

家长：总是在情感上拒绝孩子，并且在管教孩子上很少投入精力和时间。

孩子：被忽略的孩子容易生病且情绪不稳定，遇到事情焦虑、沮丧，不愿与人交往，学习成绩往往也较差，很容易走入“问题儿童”的行列。